智能制造技术专业"十三五"规划教材
产教融合系列教程
应用型人才终身学习计划

遨博智能 AUBO　EduBot 哈工海渡教育集团　JZ技皆知

智能协作机器人
技术应用初级教程
（遨博）

U0345201

总主编　张明文
主　编　王璐欢　张笑天
副主编　黄建华　何定阳　赵永利

六六六"教学法
六个典型项目
六个鲜明主题
六个关键步骤

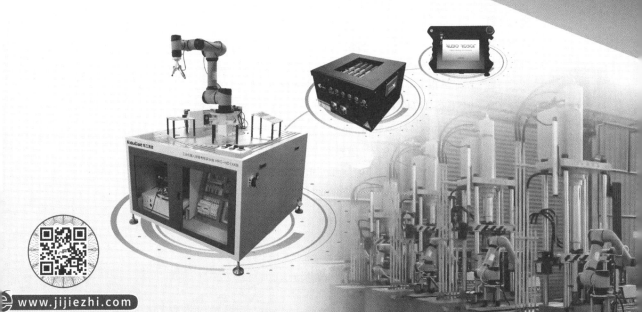

www.jijiezhi.com
学视频+电子课件+技术交流

哈爾濱工業大學出版社
HITP　HARBIN INSTITUTE OF TECHNOLOGY PRESS

内 容 简 介

　　本书以遨博协作机器人为例，从协作机器人应用过程中需掌握的技能出发，由浅入深、循序渐进地介绍了遨博协作机器人入门实用知识。本书从协作机器人的发展切入，分为基础理论与项目应用两大部分。系统介绍了 AUBO-i5 机器人安全操作注意事项、首次拆箱安装、系统设置、基本操作、I/O 通信、机器人指令与编程基础等实用内容。本书基于具体案例，讲解了遨博协作机器人系统的编程、调试的过程。通过学习本书，读者可对协作机器人实际使用过程有一个全面清晰的认识。

　　本书图文并茂、通俗易懂，具有很强的实用性和可操作性，既可作为高等院校和中高职院校智能制造相关专业的教材，又可作为协作机器人培训机构用书，同时可供相关行业的技术人员参考。

图书在版编目（CIP）数据

　　智能协作机器人技术应用初级教程：遨博 / 王璐欢，张笑天主编. —哈尔滨：哈尔滨工业大学出版社，2020.6

　　产教融合系列教程 / 张明文总主编

　　ISBN 978-7-5603-8859-5

　　Ⅰ. ①智… Ⅱ. ①王… ②张… Ⅲ. ①智能机器人—教材 Ⅳ. ①TP242.6

　　中国版本图书馆 CIP 数据核字（2020）第 099273 号

策划编辑　王桂芝　张　荣
责任编辑　张　荣　陈雪巍
出版发行　哈尔滨工业大学出版社
社　　址　哈尔滨市南岗区复华四道街 10 号　邮编 150006
传　　真　0451-86414749
网　　址　http://hitpress.hit.edu.cn
印　　刷　哈尔滨市石桥印务有限公司
开　　本　787mm×1092mm　1/16　印张 14.75　字数 385 千字
版　　次　2020 年 6 月第 1 版　2020 年 6 月第 1 次印刷
书　　号　ISBN 978-7-5603-8859-5
定　　价　42.00 元

编 审 委 员 会

前　言

　　机器人是先进制造业的重要支撑装备，也是未来智能制造业的关键切入点，协作机器人作为机器人家族中的重要一员，已被广泛应用。机器人的研发和产业化应用是衡量科技创新和高端制造发展水平的重要标志。发达国家已经把机器人产业发展作为抢占未来制造业市场、提升竞争力的重要途径。在汽车工业、电子电器行业、工程机械等众多行业大量使用机器人自动化生产线，在保证产品质量的同时，改善了工作环境，提高了社会生产效率，有力推动了企业和社会生产力发展。

　　当前，随着我国劳动力成本上涨，人口红利逐渐消失，生产方式向柔性、智能、精细转变，构建新型智能制造体系迫在眉睫，对机器人的需求呈现大幅增长。大力发展机器人产业，对于打造我国制造业新优势，推动工业转型升级，加快制造强国建设，改善人民生活水平具有深远意义。《中国制造 2025》将机器人作为重点发展领域的总体部署，使机器人产业已经上升到国家战略层面。

　　本书以遨博机器人为例，结合江苏哈工海渡教育科技集团有限公司的工业机器人技能考核实训台（标准版），包含基础理论与项目应用两大部分内容。本书遵循"由简入繁、软硬结合、循序渐进"的编写原则，依据初学者的学习需要，科学设置知识点，结合实训台典型实例讲解，倡导实用性教学，有助于激发学生的学习兴趣，提高教学效率，便于初学者在短时间内全面、系统地了解机器人的操作常识。

　　在全球范围内的制造产业战略转型期，我国机器人产业迎来爆发性的发展机遇，然而，现阶段我国机器人领域人才供需失衡，缺乏经系统培训的、能熟练安全使用和维护机器人的专业人才。针对这一现状，为了更好地推广工业机器人技术的运用，亟需编写一本系统全面的机器人入门实用教材。

　　本书图文并茂、通俗易懂，具有很强的实用性和可操作性，既可作为高等院校和中高职院校机器人相关专业的教材，又可作为机器人培训机构用书，同时可供相关行业的技术人员参考。

　　机器人技术专业具有知识面广、实操性强等显著特点。为了提高教学效果，在教学方法上，建议采用启发式教学、开放性学习，重视实操演练、小组讨论；在学习过程中，建议结合本书配套的教学辅助资源，如六轴机器人实训台、教学课件及视频素材、教学参考与拓展资料等。

本书在编写过程中，得到了哈工大机器人集团的有关领导、工程技术人员和哈尔滨工业大学相关教师的鼎力支持与帮助，在此表示衷心的感谢！

　　限于编者水平，书中难免存在疏漏及不足之处，敬请读者批评指正。任何意见和建议可反馈至 E-mail:edubot_zhang@126.com。

编　者
2020 年 3 月

目　　录

第二部分　项目应用

第7章　基于点位偏移的在线编程项目 ························· 95

第一部分　基础理论

第1章　协作机器人概述

1.1　协作机器人行业概况

❋ 协作机器人概述（1）

当前，新科技革命和产业变革正在兴起，全球制造业正处在巨大的变革之中，《中国制造 2025》《机器人产业发展规划（2016—2020 年）》《智能制造发展规划（2016—2020 年）》等强国战略规划，引导着中国制造业向着智能制造的方向发展。《中国制造 2025》提出了大力推进重点领域突破发展，而机器人作为十大重点领域之一，其产业发展已经上升到国家战略层面。我国正处于制造业升级的重要时间窗口，智能化改造需求空间巨大且增长迅速，工业机器人迎来重要发展机遇。

随着"工业 4.0"时代的来临，全球机器人企业也在面临各种新的挑战：一方面，有赖于劳动力密集型的低成本运营模式，技术熟练的工人使用成本快速增加；而另一方面，服务化及规模化定制的产品供给，使制造商必须尽快适应更加灵活、周期更短、量产更快、更本土化的生产和设计方案。

在这两大挑战下，传统工业机器人使用起来并不方便：价格昂贵、成本超预算，而且需要根据专用的安装区域和使用空间而专门重新设计；固定的工位布局，不方便移动和变化；繁琐的编程示教控制，需要专人使用；并且，传统的机器人还缺少环境感知的能力，在与人一起工作的时候要求设置安全栅栏。

因此，在传统的工业机器人逐渐取代单调、重复性高、危险性强的工作之时，能够感知环境、与人协作的机器人也在慢慢渗入各个工业领域，与人共同工作。

据高工产研机器人研究所（GGⅡ）数据显示，2018 年中国协作机器人销量 6 320 台，同比增长 49.9%，市场规模达 9.3 亿元，同比增长 47.62%；2014～2018 年，其协作机器人销量及市场规模年复合增长率分别为 80.15% 和 64.83%。如图 1.1 所示（数据来源高工机器人网），未来几年，在市场需求及资本推动的作用下，中国市场协作机器人厂商开始逐渐放量，协作机器人销量及市场规模会进一步扩大。预计到 2023 年，销量将达 36 500 台，市场规模将突破 35 亿元。

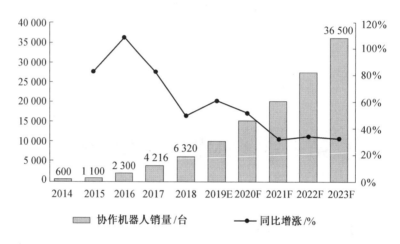

图 1.1　2014～2023 年中国协作机器人销量及其预测

目前全球范围内，无论是传统工业机器人巨头，还是新兴的机器人创业公司都在加紧布局协作机器人。以中国为例，《中国制造 2025》规划的出台为协作机器人提供了广阔的市场前景。

2016 年，我国人机协作机器人企业中，大型企业占比 54.26%，中型企业占比 26.23%，小型企业占比 19.51%，如图 1.2 所示。

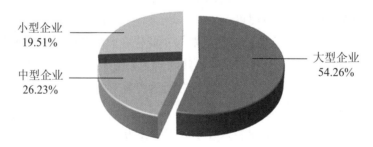

图 1.2　2016 年人机协作机器人行业单位规模情况分析

协作机器人作为工业机器人的一个重要分支，将迎来爆发性发展态势，同时带来对协作机器人行业人才的大量需求，培养协作机器人行业人才迫在眉睫。而协作机器人行业的多品牌竞争局面，迫使学习者需要根据行业特点和市场需求，合理选择学习和使用某品牌的协作机器人，从而提高自身职业技能和个人竞争力。

1.2　协作机器人定义及特点

协作机器人（collaborative robot，简称 cobot 或 co-robot），是为与人直接交互而设计的机器人，即一种被设计成能与人类在共同工作空间中进行近距离互动的机器人。

传统工业机器人是在安全围栏或其他保护措施之下，完成诸如焊接、喷涂、搬运码垛、抛光打磨等高精度、高速度的操作。而协作机器人打破了传统的全手动和全自动的生产模式，能够直接与操作人员在同一条生产线上工作，却不需要使用安全围栏与人隔离，如图 1.3 所示。

图 1.3　协作机器人在没有防护围栏环境下工作

协作机器人的主要特点有：

➢ 轻量化：使机器人更易于控制，提高安全性。

➢ 友好性：保证机器人的表面和关节是光滑且平整的，无尖锐的转角或者易夹伤操作人员的缝隙。

➢ 部署灵活：机身能够缩小到可放置在工作台上的尺寸，可安装于任何地方。

➢ 感知能力：可感知周围的环境，并根据环境的变化改变自身的动作行为。

➢ 人机协作：在风险评估后可不需要安装保护栏，使人和机器人能协同工作。

➢ 编程方便：对于一些普通操作者和非技术背景的人员来说，都非常容易进行编程与调试。

➢ 使用成本低：基本上不需要维护保养的成本投入，机器人本体功耗较低。

协作机器人与传统工业机器人的特点对比见表 1.1。

表 1.1　协作机器人与传统工业机器人的特点对比

	协作机器人	传统工业机器人
目标市场	中小企业、适应柔性化生产要求的企业	大规模生产企业
生产模式	个性化、中小批量的小型生产线或人机混线的半自动场合	单一品种、大批量、周期性强、高节拍的全自动生产线
工业环境	可移动并可与人协作	固定安装且与人隔离
操作环境	编程简单直观、可拖动示教	专业人员编程、机器示教再现
常用领域	精密装配、检测、产品包装、抛光打磨等	焊接、喷涂、搬运码垛等

协作机器人只是整个工业机器人产业链中一个非常重要的细分类别，有其独特的优势，但缺点也很明显：

➤ 速度慢：为了控制力和碰撞，协作机器人的运行速度比较慢，通常只有传统工业机器人的 1/3～1/2。

➤ 精度低：为了减少机器人运动时的动能，协作机器人一般质量比较轻，结构相对简单，这就造成整个机器人的刚性不足，定位精度相比传统机器人差 1 个数量级。

➤ 负载小：低自重、低能量的要求，导致协作机器人体型都很小，负载一般在 10 kg 以下，工作范围只与人的手臂相当，很多场合无法使用。

1.3 协作机器人发展概况

1.3.1 国外发展概况

协作机器人的发展起步于 20 世纪 90 年代，大致经历了三个阶段：概念期、萌芽期和发展期。

1. 概念期

1995 年 5 月，世界上第一台商业化人机协作机器人 WAM 首次在美国国家航空航天局肯尼迪航天中心公开亮相，如图 1.4 所示。

1996 年，美国西北大学的 2 位教授 J. Edward Colgate 和 Michael Peshkin 首次提出了协作机器人的概念并申请了专利。

2. 萌芽期

2003 年，德国宇航中心的机器人学及机电一体化研究所与 KUKA 联手，产品从轻量型机器人向工业协作机器人转型，如图 1.5 所示。

2005 年，致力于通过机器人技术增强小中型企业劳动力水平的 SME Project 项目开展，协作机器人在工业应用中迎来发展契机；同年，协作机器人企业 Universal Robots（优傲机器人）在南丹麦大学创办成立。

图 1.4　Barret 的 WAM

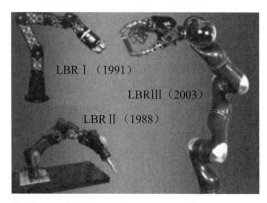

图 1.5　DLR 的三代轻量机械臂

2008 年，Universal Robots 推出世界上第一款协作机器人产品 UR5；同年，协作机器人企业 Rethink Robotics 成立。

3. 发展期

2014 年，ABB 发布首台人机协作的双臂机器人，之后 YuMi、FANUC、YASKAWA 等多家工业机器人厂商相继推出协作机器人产品。

2016 年，国内相关企业快速发展，相继推出协作机器人产品；同年，ISO 推出 ISO/TS 15066，明确协作机器人环境中的相关安全技术规范。

2016 年，国际标准化组织针对协作机器人发布了最新的工业标准——ISO/TS 15066：Robots and robotic devices—Collaborative robots，所有协作机器人产品必须通过此标准认证才能在市场上发售。

至此，协作机器人在标准化生产的道路上步入正轨，开启了协作机器人发展的元年。

1.3.2　国内发展现状

相比成熟的国外市场，国内协作机器人尚处于起步阶段，但发展速度十分迅猛。协作机器人在中国兴起于 2014 年，成品化进程相对较晚，但也取得了一些可喜的成果，如新松、大族、遨博、达明、哈工大等都相继推出了自已的协作机器人。

2015 年底，由北京大学工学院先进智能机械系统及应用联合实验室、北京大学高精尖中心研制的人机协作机器人 WEE 先后在上海工博会、深圳高交会、北京世界机器人博览会上参展亮相，它是一台具备国际先进水平的高带宽、轻型、节能工业协作机器人，如图 1.6 所示。

台湾达明机器人推出的 TM5 是全球首创内建视觉辨识的协作型六轴机器人，如图 1.7 所示，高度整合视觉和力觉等感测器辅助，让机器人能适应环境变化，强调人机共处的安全性；手拉式引导教学，让使用者快速上手。协作机器人 TM5 可广泛运用在各个领域，如电子业、鞋业、纺织、半导体、光电产业等。

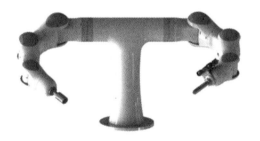

图 1.6　单臂/双臂人机协作机器人"WEE"　　　图 1.7　台湾达明协作机器人 TM5

2016 年，大族电机携最新产品 Elfin 六轴协作机器人在上海工博会精彩亮相，如图 1.8 所示。作为协作机器人，Elfin 可配合工人工作，也可用于集成自动化产品线、焊接、打磨、装配、搬运、拾取、喷漆等工作场合，应用灵活广泛。

2017 年，哈工大机器人集团推出了轻型协作机器人 T5。该机器人可以进行人机协作，具有运行安全、节省空间、操作灵活的特点，如图 1.9 所示。轻型协作机器人 T5 面向 3C、机械加工、食品药品、汽车汽配等行业的中小制造企业，适配多品种、小批量的柔性化生产线，能够完成搬运、分拣、涂胶、包装、质检等工序。

图 1.8　大族电机协作机器人 Elfin

图 1.9　哈工大机器人集团的 T5

1.3.3　协作机器人简介

目前的协作机器人市场仍处于起步发展阶段。现有公开数据显示，来自全球的近 20 家企业公开发布了近 30 款协作机器人。根据结构及功能，本书选取了 5 款协作机器人进行简要介绍，其中包括 Universal Robots 的 UR5、KUKA 的 LBR iiwa、ABB 的 YuMi 以及 FANUC 的 CR-35iA、AOBO 的 i5。

1. UR5

UR5 六轴协作机器人是 Universal Robots 于 2008 年推出的全球首款协作机器人，如图 1.10 所示。UR5 采用其自主研发的 Poly Scope 机器人系统软件，该系统操作简便，容易掌握，即使没有任何编程经验，也可当场完成调试并实现运行。

优傲机器人轻巧、节省空间、易于重新部署在多个应用程序中，而不会改变生产布局，使工作人员能够灵活自动处理几乎任何手动作业，包括小批量或快速切换作业。该机器人能够在无安全保护防护装置、旁边无人工操作员的情况下运转操作。图 1.11 所示为 UR5 在 3C 行业中对产品移动拧紧的应用。

图 1.10　UR5 机器人

图 1.11　UR5 在 3C 行业上的应用

2. LBR iiwa

LBR iiwa 是 KUKA 开发的第一款量产灵敏型机器人，也是具有人机协作能力的机器人，如图 1.12 所示。该款机器人具有突破性构造的七轴机器人手臂，使用智能控制技术、高性能传感器和最先进的软件技术。所有的轴都具有高性能碰撞检测功能和集成的关节力矩传感器，可以立即识别接触，并立即降低力和速度。

LBR iiwa 能感测正确的安装位置，以最高精度极其快速地安装工件，并且与轴相关的力矩精度达到最大力矩的±2%，特别适用于柔性、灵活度和精准度要求较高的行业，如电子、医药、精密仪器等工业。其可满足更多工业生产中的操作需要，如图 1.13 所示。

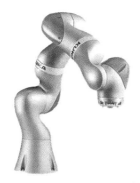
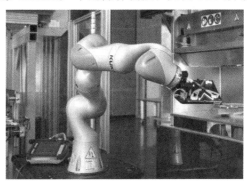

图 1.12　KUKA LBR iiwa 机器人　　　图 1.13　LBR iiwa 在汽车公司生产线上作业

3. YuMi

YuMi 是 ABB 首款协作机器人，如图 1.14 所示，该机器人自身拥有双七轴手臂，工作范围大，精确自主，同时采用了"固有安全级"设计，拥有软垫包裹的机械臂、力传感器和嵌入式安全系统，因此可以与人类并肩工作，没有任何障碍。它能在极狭小的空间内像人一样灵巧地执行小件装配所要求的动作，可最大限度节省厂房占用面积，还能直接装入原本为人设计的操作工位。

"YuMi"的名字来源于英文"you"（你）和"me"（我）的组合。YuMi 主要用于小组件及元器件的组装，如机械手表的精密部件和手机、平板电脑以及台式电脑的零部件等，如图 1.15 所示。整个装配解决方案包括自适应的手、灵活的零部件上料机、控制力传感、视觉指导和 ABB 的监控及软件技术。

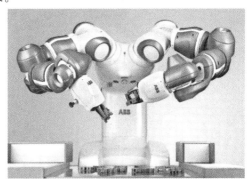

图 1.14　ABB YuMi 机器人　　　图 1.15　YuMi 用于小零件装配作业

4. CR-35iA

2015 年，FANUC 在中国地区正式推出全球负载最大的六轴协作机器人 CR-35iA，如图 1.16 所示，创立了协作机器人领域的新标杆。CR-35iA 机器人整个机身由绿色软护罩包裹，内置 INVision 视觉系统，同时具有意外接触停止功能。它外接 R-30iB 控制器，支持拖动示教。CR-35iA 可以说是协作机器人中的"绿巨人"。

为实现高负载，FANUC 公司没有采用轻量化设计，而是在传统工业机器人的基础上进行了改装升级。CR-35iA 可协同工人完成重零件的搬运及装配工作，例如组装汽车轮胎或往机床搬运工件等，如图 1.17 所示。

图 1.16　FANUC 的 CR-35iA　　　　　图 1.17　CR-35iA 为汽车安装轮胎

5. AUBO-i5

AUBO 机器人是国内第一款具有核心知识产权及全国产化的轻型协作机器人。i5 为 AUBO 系列模块化协作机器人之一，如图 1.18 所示。它采用关节模块化设计，使用面向开发者层面的机器人系统。用户可根据 AUBO 平台提供的应用程序接口，开发属于自己的机器人控制系统。它在作业时无需安装防护栏，可与人近距离作业。

AUBO-i5 协作机器人可应用于 3C、汽车零部件、金属加工、食品、医药、物流等行业，实现上下料、装配、锁螺丝、喷漆、焊接等应用。图 1.19 所示为 AUBO-i5 在生产线上的应用。

图 1.18　AUBO-i5 机器人　　　　　图 1.19　AUBO-i5 在 3C 行业的应用

1.3.4　协作机器人的发展趋势

协作机器人除了在机体的设计上变得更轻巧易用之外，其发展已呈现如下趋势。

1. 可扩展模块化架构

基于可扩展的软硬件平台的可重构机器人成为研究热点之一，随着制造业的生产模式从大批量转向用户定制，未来机器人市场将会以功能模块为单位，针对各个不同的作业要求向个性化定制的方向发展。

2. 以自动化为目的的人工智能化

利用机器学习的方法，采集不同任务情况下产生的人、环境与机器的交互数据并分析，给协作机器人赋予高级人工智能，打造一个更加智能化生产的闭环；同时，使用自然语言识别技术，让协作机器人具备基本的语音控制和交互能力。

3. 机械结构的仿生化

协作机器人机械臂越接近人手臂的结构，其灵活度就越高，更加适合处理相对精细的任务，如生产流水线上的辅助工人分拣、装配等操作。三指变胞手、柔性仿生机械手，都属于提高协作机器人抓取能力的前沿技术。

4. 机器人系统生态化

机器人系统生态化，可以吸引第三方开发围绕机器人的成熟工具和软件，如复杂的工具、机器人外围设备接口等，有助于降低机器人应用的配置困难，提升使用效率。

5. 与其他前沿技术融合

协作机器人要适应未来复杂的工作环境，需要搭载先进技术，提升其软硬件性能，如整合 AR 技术，有助于协作机器人应对更加多样化的工作任务和工作环境。

1.4　协作机器人主要技术参数

协作机器人的技术参数反映了机器人的适用范围和工作性能，主要包括自由度、额定负载、工作空间、工作精度，其他参数还有工作速度、控制方式、驱动方式、安装方式、动力源容量、本体质量、环境参数等。

✤　协作机器人概述（2）

1. 自由度

自由度是指描述物体运动所需要的独立坐标数。

空间直角坐标系又称笛卡尔直角坐标系，它是以空间一点 O 为原点，建立三条两两相互垂直的数轴，即 X 轴、Y 轴和 Z 轴。机器人系统中常用的坐标系为右手坐标系，即 3 个轴的正方向符合右手规则：右手大拇指指向 Z 轴正方向，食指指向 X 轴正方向，中指指向 Y 轴正方向，如图 1.20 所示。

在三维空间中描述一个物体的位姿（即位置和姿态）需要 6 个自由度，如图 1.21 所示：

➤ 沿空间直角坐标系 $O-XYZ$ 的 X、Y、Z 3 个轴的平移运动 T_x、T_y、T_z。

➤ 绕空间直角坐标系 $O-XYZ$ 的 X、Y、Z 3 个轴的旋转运动 R_x、R_y、R_z。

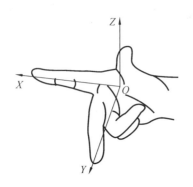

图 1.20　右手规则

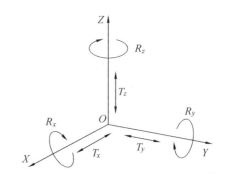

图 1.21　刚体的 6 个自由度

机器人的自由度是指机器人相对坐标系能够进行独立运动的数目，不包括末端执行器的动作，如焊接、喷涂等。通常，垂直多关节机器人以 6 自由度为主。

机器人的自由度反映机器人动作的灵活性，自由度越多，机器人就越能接近人手的动作机能，通用性越好；但是自由度越多，结构就越复杂，如图 1.22 所示，对机器人的整体要求就越高。因此，协作机器人的自由度是根据其用途设计的。

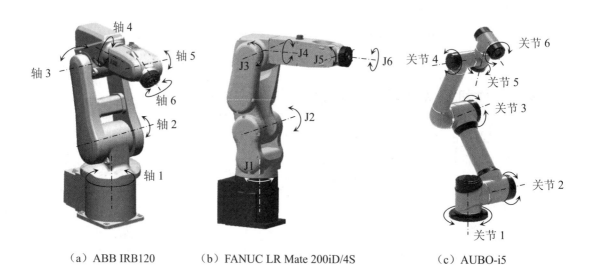

（a）ABB IRB120　　　（b）FANUC LR Mate 200iD/4S　　　（c）AUBO-i5

图 1.22　自由度

采用空间开链连杆机构的机器人，因每个关节仅有一个自由度，所以机器人的自由度数就等于它的关节数。

2. 额定负载

额定负载也称有效负荷，是指正常作业条件下，协作机器人在规定性能范围内，手腕末端所能承受的最大载荷，见表 1.2。

表 1.2　协作机器人的额定负载

品牌	ABB	FANUC	AUBO	COMAU
型号	YuMi	CR-35iA	AUBO-i5	e.Do
实物图		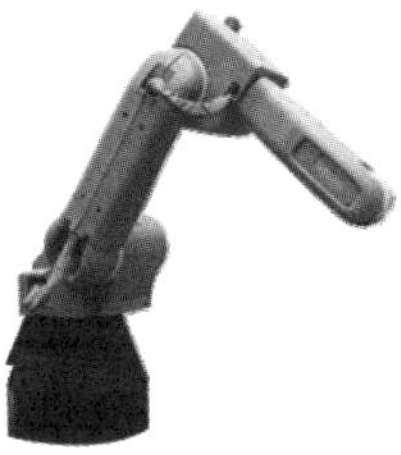		
额定负载	0.5 kg	35 kg	5 kg	1 kg
品牌	Kawasaki	Rethink Robotics	TM	HRG
型号	duAro	Sawyer	TM5	T5
实物图				
额定负载	2 kg	4 kg	4 kg	5 kg

3. 工作空间

工作空间又称工作范围、工作行程，是指协作机器人作业时，手腕参考中心（即手腕旋转中心）所能到达的空间区域，不包括手部本身所能达到的区域。如图 1.23 所示，AUBO-i5 机器人的工作空间为 886.5 mm，从基座中心到手部本身所能达到的区域为半径932 mm 的球体。当选择机器人安装位置时，务必考虑机器人正上方和正下方的圆柱体空间，尽可能避免将工具移向圆柱体空间。另外在实际应用中，关节 1～6 转动角度范围是−175°～+175°。

工作空间的形状和大小反映了机器人工作能力的大小，它不仅与机器人各连杆的尺寸有关，还与机器人的总体结构有关，协作机器人在作业时可能会因存在手部不能到达的作业死区而不能完成规定任务。

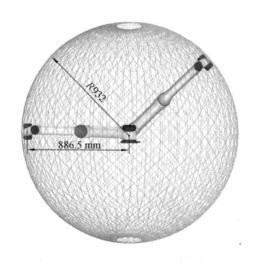

图 1.23   AUBO-i5 机器人工作空间

由于末端执行器的形状和尺寸是多种多样的，为真实反映机器人的特征参数，工作范围一般是指不安装末端执行器时，可以达到的区域。

注意： 在装上末端执行器后，需要同时保证工具姿态，实际的可到达空间和理想状态的可到达空间有差距，因此需要通过比例作图或模型核算，来判断是否满足实际需求。

4. 工作精度

协作机器人的工作精度包括定位精度和重复定位精度。

定位精度又称绝对精度，是指机器人的末端执行器实际到达位置与目标位置之间的差距。

重复定位精度简称重复精度，是指在相同的运动位置命令下，机器人重复定位其末端执行器于同一目标位置的能力，以实际位置值的分散程度来表示。

实际上机器人重复执行某位置给定指令时，它每次走过的距离并不相同，均是在一平均值附近变化。该平均值代表精度，变化的幅值代表重复精度，如图 1.24 和图 1.25 所示。机器人具有绝对精度低、重复精度高的特点。常见协作机器人的重复定位精度见表 1.3。

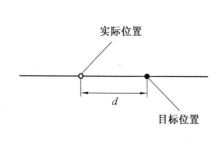

图 1.24   定位精度

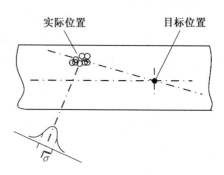

图 1.25   重复定位精度

表 1.3　常见协作机器人的重复定位精度

品牌	ABB	FANUC	AUBO	KUKA
型号	YuMi	CR-35iA	AUBO-i5	iiwa
实物图				
重复定位精度	±0.02 mm	±0.08 mm	±0.02 mm	±0.1 mm

1.5　协作机器人应用

随着工业的发展，多品种、小批量、定制化的工业生产方式成为趋势，对生产线的柔性提出了更高的要求。在自动化程度较高的行业，基本的模式为人与专机相互配合，机器人主要完成识别、判断、上下料、插拔、打磨、喷涂、点胶、焊接等需要一定智能但又枯燥单调重复的工作，人成为进一步提升品质和提高效率的瓶颈。协作机器人由于具有良好的安全性和一定的智能性，可以很好地替代操作工人，形成"协作机器人加专机"的生产模式，从而实现工位自动化。

由于协作机器人固有的安全性，如力反馈和碰撞检测等功能，人与协作机器人并肩合作的安全性将得以保证，因此被广泛应用在汽车零部件、3C 电子、金属机械、五金卫浴、食品饮料、注塑化工、医疗制药、物流仓储、科研、服务等行业。

1. 汽车行业

工业机器人已在汽车和运输设备制造业中应用多年，主要在防护栏后面执行喷漆和焊接操作。而协作机器人则更"喜欢"在车间内与人类一起工作，能为汽车应用中的诸多生产阶段增加价值，例如拾取部件并将部件放置到生产线或夹具上、压装塑料部件及操控检查站等，可用于螺钉固定、装配组装、帖标签、机床上下料、物料检测、抛光打磨等环节，如图 1.26 所示。

2. 3C 行业

3C 行业具有元件精密和生产线更换频繁两大特点，一直以来都面临着自动化效率方面的挑战，而协作机器人擅长在上述环境中工作，可用于金属锻造、检测、组装及研磨工作站中，实现许多电子部件制造任务的自动化处理所需要的软接触和高灵活性，如图 1.27 所示。

图 1.26　汽车行业应用

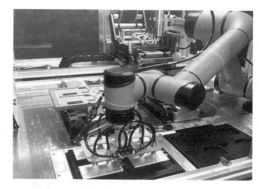

图 1.27　3C 行业应用

3. 食品行业

食品行业容易受到季节性活动的影响，高峰期间劳动力频繁增减十分常见，而这段时间内往往很难雇到合适的人手，得益于协作机器人使用的灵活性，协作机器人有助于满足三班倒和季节性劳动力供应的需求，并可应用于多条不同的生产线，例如包装箱体、装卸生产线、协助检查等，还可应用于食品服务行业，图 1.28 所示为协作机器人双臂泡茶的应用。

4. 金属加工行业

金属加工环境是人类最具挑战性的环境之一，酷热、巨大的噪音和难闻的气味司空见惯。该行业中一些最艰巨的工作最适合协作机器人。无论是操控折弯机和其他机器、装卸生产线和固定装置，抑或是处理原材料和成品部件，协作机器人都能够在金属加工领域大展身手，如图 1.29 所示。

图 1.28　食品行业应用

图 1.29　金属加工行业应用

第2章　AUBO 机器人认知

2.1　安全操作注意事项

2.1.1　操作安全

※ AUBO 机器人认知

机器人在空间运动时，可能发生意外事故，为确保安全，在操作机器人时，必须注意以下事项：

（1）请务必按照用户手册中的要求和规范安装机器人及所有电气设备。

（2）确保机器人的手臂有足够的空间来自由活动。

（3）确保已按照风险评估中的要求来建立安全措施或机器人安全配置参数，以此来保护程序员、操作员和旁观者的安全。

（4）操作机器人时请不要穿宽松的衣服，不要佩戴珠宝，确保长头发束在脑后。

（5）不要将安全设备连接到正常的 I/O 接口上，只能使用安全型接口。

（6）在第一次使用机器人及投入生产前需要对机器人及其防护系统进行初步测试和检查。首次启动系统和设备前，必须检查设备和系统是否完整，操作是否安全，是否检测到有任何损坏。

（7）用户必须检查并确保所有的安全参数和用户程序是正确的，并且所有的安全功能工作正常。需要具有操作机器人资格的人员来检查每个安全功能。只有通过全面且仔细的安全测试且达到安全级别后才能启动机器人。

（8）机器人在发生意外或者运行不正常等情况下，可以按下急停开关，停止机器人动作。

（9）需要有专业人员按照安装标准对机器人进行安装和调试。

（10）注意使用示教器时机器人的运动。

（11）不要进入机器人的安全范围，或在系统运转时触碰机器人。

（12）机器人和控制箱在运行的过程中会产生热量。机器人正在工作或刚停止工作时，请不要触摸机器人。

2.1.2　停机类别

当发生故障时，机器人应停机等待检查。故障原因不同，触发的停机类别不同。停机类别分为以下 3 类。

1. 停机类别 0

当机器人的电源被切断后，机器人立刻停止工作，属于不可控的停止。由于每个关节会以最快的速度制动，因此机器人可能偏离程序设定的路径。当超过安全评定极限，或当控制系统的安全评定部分出现错误的情况下，方可使用这种保护性停机。

2. 停机类别 1

机器人处于正常供电状态时，使机器人停止，停止后切断电源。这类停止是可控性停止，机器人会遵循程序编制的路径运行，当机器人站稳后就将电源切断。

3. 停机类别 2

机器人通电时的可控性停止。安全评定控制系统的操控可使机器人停留在需停止的位置。

2.2 AUBO 机器人简介

AUBO（遨博）协作机器人具有 6 自由度人机协作、轻型机械臂。它具有以下一些特点。

（1）可以在没有防护栏的情况下与人近距离工作。

（2）可手动拖拽机械臂设置自动运行轨迹进行编程，不需要复杂编程环境。

（3）具备先进的碰撞检测功能，发生非预期碰撞时，会自动停止运行。

AUBO-i 系列机器人包括 i3，i5，i7 和 i10 机型，部分机型参数见表 2.1。

表 2.1 AUBO 机器人机型参数

型号	i3	i5	i7	i10
机器人本体				
自由度	6	6	6	6
有效载荷/kg	3	5	7	10
重复定位精度/mm	±0.02	±0.02	±0.05	±0.05
工作空间/mm	625	886.5	1 149.5	1 350
本体质量/kg	15.5	24	32	37

2.3 机器人系统组成

机器人一般由 3 个部分组成：机器人本体、控制柜、示教器。本书以 AUBO-i5 机器人为例，进行相关介绍和分析。i5 机器人系统主要由机器人本体、控制柜和示教器组成，其组成结构如图 2.1 所示。

※ 机器人系统组成

17

图 2.1　i5 机器人组成结构图

2.3.1 机器人本体

机器人本体又称操作机，是机器人的机械主体，是用来完成规定任务的执行机构。机器人本体模仿人的手臂，共有 6 个旋转关节，每个关节表示一个自由度。如图 2.2 所示，机器人关节包括基座（关节 1）、肩部（关节 2）、肘部（关节 3）、腕部 1（关节 4）、腕部 2（关节 5）和腕部 3（关节 6）。基座用于机器人本体和底座连接，工具端用于机器人与工具连接。肩部和肘部之间以及肘部和腕部之间采用臂管连接。通过示教器操作界面或拖动示教，用户可以控制各个关节转动，使机器人末端工具移动到不同的位姿。

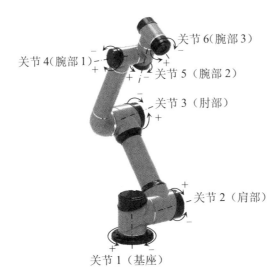

图 2.2　机器人关节介绍

i5 机器人的特性见表 2.2。

表 2.2　i5 机器人特性

性　能		
重复定位精度	环境温度	待机功耗
±0.02 mm	0～45 ℃	200 W
规　格		
额定负载	工作范围	自由度
5 kg	886.5 mm	6
硬件外观		
防护等级	材料	质量
IP54	铝合金	24 kg

2.3.2　控制柜

控制柜是 AUBO-i 系列机器人的控制主体，控制柜提供多个 IO 接口，通过 CAN 总线与机器人本体通信。控制柜前面板及上面板涉及开关、按钮、指示灯及电气接口，如图 2.3 所示。

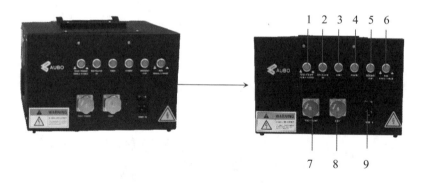

图 2.3　i5 机器人控制柜前面板

i5 机器人控制柜前面板开关、按钮及指示灯功能说明见表 2.3。

表 2.3　i5 控制柜前面板功能表

序号	名　称	功　能
1	TEACH PENDANT ENABLE/DISABLE	示教器使能开关按钮
2	MANIPULATOR ON	指示灯亮表示机器人电源接通
3	POWER	指示灯亮表示外部电源接通

续表 2.3

序号	名　称	功　能
4	STANDBY	指示灯亮表示控制柜接口板程序初始化完成，可以按下示教器电源按钮给机器人上电
5	EMERGENCY STOP	指示灯亮表示机器人处于急停状态
6	MODE MANUAL/LINKAGE	机器人手动模式和联动模式选择。按下按钮，机器人进入联动模式
7	TEACH PENDANT	示教器线缆接口，连接示教器电缆
8	ROBOT	机械臂线缆接口，连接机器人本体电缆
9	POWER IN	电源开关及电源线接口

2.3.3　示教器

1. 示教器介绍

示教器是机器人的人机交互接口，给用户提供了一个可视化的操作界面。用户可以通过示教器对机器人进行测试、编程和仿真，仅需少量的编程基础就可对机器人进行操作，可以操作机器人本体和控制柜、执行和创建机器人程序、读取机器人日志信息。AUBO-i5 机器人的示教器具有 12 英寸的电阻式液晶触控屏，还有 3 个按钮：电源开关按钮、急停按钮和力控开关按钮，如图 2.4 所示。

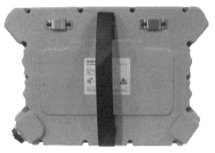

（a）示教器正面　　　　　　　　　（b）示教器背面

图 2.4　示教器

上电后，示教器上显示"机器人初始化"界面，如图 2.5 所示，工具名称处可通过手指触摸或笔端触碰来操作。点击【保存】，再点击【启动】按键后，进入机械臂示教界面。

图 2.5　初始化界面

机械臂示教移动界面以选项卡的形式组织排列以便于访问，不同选项卡中具有不同的功能。例如在机械臂示教界面中，如图 2.6 所示，可以通过界面中的位置控制、关节控制、姿态控制按钮移动机器人。

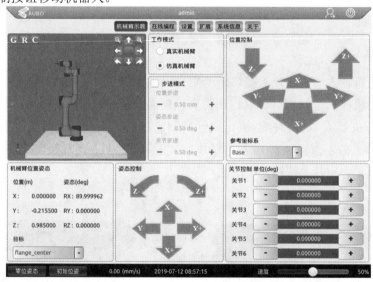

图 2.6　机械臂示教移动界面

2. 示教器握持方式

示教器一般挂在控制柜上，需要手动控制机器人时，可以手持示教器进行示教。示教器手持姿势如图 2.7 所示。

图 2.7　示教器手持姿势

2.4 机器人组装

2.4.1 首次组装机器人

1. 拆箱

拆箱时要通过专业的拆卸工具打开箱子，装箱清单如图 2.8 所示。

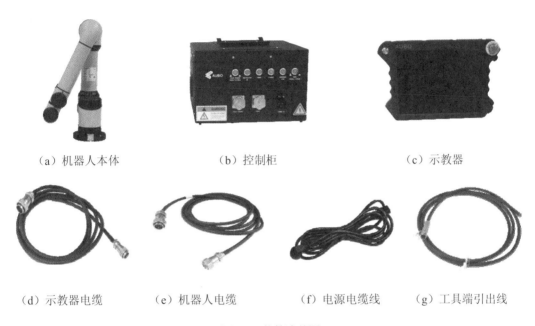

（a）机器人本体　　　　（b）控制柜　　　　（c）示教器

（d）示教器电缆　　（e）机器人电缆　　（f）电源电缆线　　（g）工具端引出线

图 2.8　装箱清单图

2. 机器人安装

（1）机器人本体。

机器人机座固定孔规格如图 2.9 中视图 B 所示。使用 4 颗 M8 螺栓将机器人本体固定在底座上，建议使用两个 $\Phi6$ mm 的孔安装销钉，以提高安装精度。安装机器人的平台应当足以承受至少 10 倍的机座关节的完全扭转力，以及至少 5 倍的机器人本体的质量，并且没有振动。

（2）工具法兰。

机械臂末端法兰有 4 个 M6 螺纹孔和一个 $\Phi6$ 定位孔，可以方便地将夹具安装连接到机械臂末端。工具法兰机械尺寸如图 2.9 中视图 A 所示。

（3）控制柜与示教器。

控制柜应水平放在地面上。控制柜每侧应保留 50 mm 的空隙，以确保空气流通顺畅。示教器可以悬挂在控制柜上，如需控制机器人时可取下，手持操作示教器。放置示教器时请确保示教器线缆放置妥当，以防踩踏线缆。

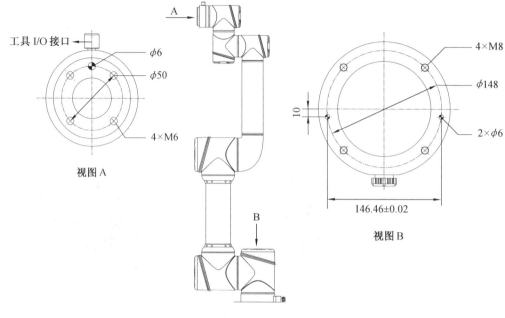

图 2.9　机器人固定孔规格

2.4.2　电缆线连接

控制柜底部有 3 个插口，机器人本体底部有 1 个插口，示教器右下方有一个插口，使用前要把对应的电缆插到插口中，相关电缆连接分类见表 2.4。只有将系统内部电缆连接完成后，才能实现机器人的基本运动。

表 2.4　电缆连接分类

序号	1	2	3
分类	示教器电缆	机器人电缆	控制柜电源电缆
图示			

系统内部的电缆线连接包括机器人本体、控制柜、电源、示教器之间的电缆连接。

1. 机器人本体与控制柜连接

机器人电缆与控制柜连接的一端是直管圆形航空插头。线缆一端从机器人底座上引出，另一端插头连到控制器底部的对应插口上，先将控制柜接口上的防尘帽从插座上拧下来，再把直管圆形航空插头插到控制柜上。注意插入方向，插紧后要拧紧锁紧环，如图 2.10 所示。

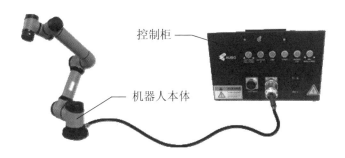

图 2.10　机器人本体与控制柜连接示意图

2. 示教器与控制柜连接

示教器电缆与控制柜连接的一端是直管圆形航空插头。示教器与控制柜连接时，将线缆一端插到示教器上，再把另一端直管圆形航空插头插到控制柜上，如图 2.11 所示。

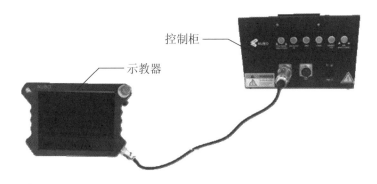

图 2.11　示教器与控制柜连接示意图

3. 电源与控制柜连接

外部电源电缆与控制柜连接的一端是品字插头。电源与控制柜连接时，将电源线品字插头连接到控制柜电源接口处，如图 2.12 所示。

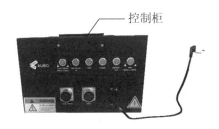

图 2.12　电源线连接示意图

4. 电源、机器人本体、示教器与控制柜相连的整体连接

电缆连接完成后，整体的电缆连接图如图 2.13 所示。

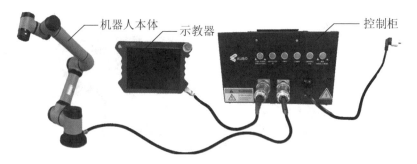

图 2.13　整体电缆连接示意图

2.4.3　启动机器人

本书所涉及的机器人本体和控制柜安装在工业机器人技能考核实训台（标准版）上，如图 2.14 所示。安装机器人本体和控制柜，连接相关线缆，开启系统电源后就可以启动机器人了。

图 2.14　工业机器人技能考核实训台（i5 机器人）

启动机器人前须确保机器人周边无障碍物，操作人员处在安全位置，并按表 2.5 所示操作步骤操作。

表 2.5　启动机器人操作步骤

序号	图片示例	操作步骤
1	电源指示灯 电源开关	1. 开启控制柜，把电源电缆品字插头插到工频交流电源插座上，控制柜上电成功。 2. 电源开关从 OFF 按至 ON 状态，电源指示灯亮。 3. 机器人系统上电成功

续表 2.5

序号	图片示例	操作步骤
2	工作模式选择	通过【MODE MANUAL/ LINKAGE】按钮选择使用模式（机器人的工作模式有两种：手动模式、联动模式）。默认模式为手动模式
3	启动按钮及 LED 指示灯	1. 按下启动按钮约 1 s，蓝色灯光亮，机器人与示教器一同上电，示教器屏幕点亮。 2. 启动 AUBORPE，界面上会有文字显示
4	机器人初始化 工具名称 flange_center 运动学名称 flange_center 末端位置X(m) 0.000000　末端位置Y(m) 0.000000　末端位置Z(m) 0.000000 末端姿态RX(deg) 0.000000　末端姿态RY(deg) 0.000000　末端姿态RZ(deg) 0.000000 动力学名称 flange_center 负载(kg) 0.00 重心X(m) 0.000000　重心Y(m) 0.000000　重心Z(m) 0.000000 关机　保存　启动	1. 选择并确定工具。 2. 单击【保存】→【启动】，机器人制动器释放，并且发出声响

续表 2.5

序号	图片示例	操作步骤
5	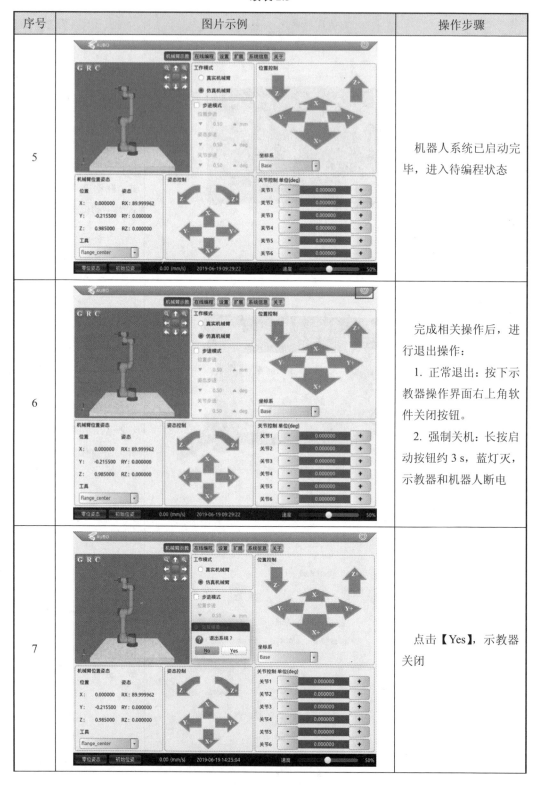	机器人系统已启动完毕，进入待编程状态
6		完成相关操作后，进行退出操作： 1. 正常退出：按下示教器操作界面右上角软件关闭按钮。 2. 强制关机：长按启动按钮约 3 s，蓝灯灭，示教器和机器人断电
7		点击【Yes】，示教器关闭

续表 2.5

序号	图片示例	操作步骤
8	电源开关	将控制柜前面板上的电源开关按下至 OFF 位置，控制柜关机

第3章 机器人系统设置

3.1 机器人初始化

3.1.1 用户登录

❋ 机器人初始化及安全配置

示教器软件开机后,进入用户免责声明界面(可勾选"不再提示",之后运行 AUBORPE 软件将不再出现此界面),点击通过后,会弹出用户"登录"窗口,如图 3.1 所示。

图 3.1 用户登录界面

用户需要选择账号并输入密码后才能登录。用户名称分类见表 3.1,用户名不支持自定义。

表 3.1 用户名称分类

序号	用户名	密码	权限限制
1	admin（管理员）	初始密码为 1,用户可修改	最高权限,无限制
2	operator（操作员）	初始密码为 1,用户可修改	安全配置及更新不可使用
3	Default（默认用户,无法主动选择）	默认密码为 1,用户不可修改	安全配置及更新不可使用

按以下步骤完成用户登录:

（1）勾选自动登录后,软件再次开启后将自动进入选定的用户界面。

（2）如需取消自动登录或切换用户登录,需要点击界面右上角的注销图标。

（3）确定注销操作后,如有正在运行的工程会停止运行,并切换至用户登录界面。

（4）联动模式下,建议用户选择登录用户,并勾选自动登录选项,如未勾选,则进入 default 用户。

3.1.2　初始化位姿标定

初始位姿即初始位置，长按操作界面的【初始位姿】可使机械臂回到初始位置，也可以通过示教器界面【设置】→【机械臂】→【初始位姿】→【设置初始位姿】标定来任意设定机器人初始位置，如图 3.2 所示。

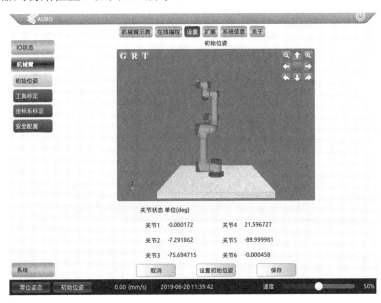

图 3.2　"初始位姿"标定界面

3.2　安全配置

"安全配置"界面只有在 admin 用户登录下才能进行修改。图 3.3 所示为"安全配置"界面。

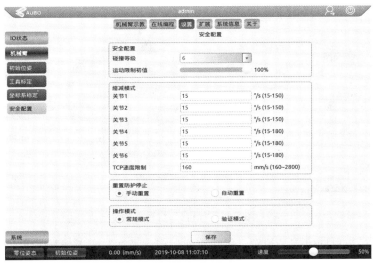

图 3.3　"安全配置"界面

表 3.2 为"安全配置"界面各选项卡的功能说明。

表 3.2　安全配置功能说明

序号	名称	功　能
1	碰撞等级	安全等级设置，共有10个安全等级。等级越高，机械臂碰撞检测后停止所需的力越小，第6级为默认等级
2	运动限制初始值	工程运行速度的限制，完成配置，需重启软件后生效
3	缩减模式	限制机械臂在关节空间中的运动速度，相应文本框中的数值即为各关节运动速度的极限值
4	重置防护停止	选择"手动重置"时，防护停止信号无效，当外部输入防护重置信号有效解除保护； 选择"自动重置"时，忽略外部输入防护重置信号，当防护停止信号无效时自动解除保护
5	操作模式配置	选择"常规模式"时，忽略外部三态开关输入信号； 选择"验证模式"时，外部三态开关输入信号有效

3.3　系统设置

3.3.1　语言、日期时间设置

"语言"设置界面目前提供如图 3.4 所示语言的设置，示教器版本不同，提供的语言种类有所不同。根据用户的需求，点击语言即可设置成功。

✳ 系统设置

图 3.4　"语言"设置界面

图 3.5 所示为日期时间的设置，用户可通过点击【加】或【减】按钮，对示教器设置系统日期和时间，设置完成点击【确认】，即可设置成功。

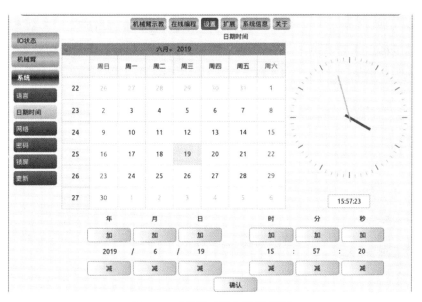

图 3.5　"日期时间"设置界面

3.3.2　密码设置

"密码"设置界面可用于设置用户密码（默认密码为 1）。如图 3.6 所示，输入当前密码、新密码，确定新密码后，点击【确认】后可更改密码。只有输入正确密码，用户才能使用示教器。此界面仅修改当前登录的用户密码。密码设置后，需要重新登录。

图 3.6　"密码"设置界面

3.3.3　网络设置

"网络"设置界面用于第三方接口控制的网络设置。如图 3.7 所示，此界面可配置指定网卡名称及其 IP 地址、子网掩码、默认网关。第三方接口的网络 IP 地址需与本机的 IP 地址在同一网段。

在"网络调试"窗口区，用户可以通过点击【ping】查看与外部设备是否 ping 通，通过点击【ifconfig】查看网卡信息，通过点击【Server Status】查看机械臂服务器端口号是否处于监听状态。

图 3.7 "网络"设置界面

3.3.4 行号显示与锁屏时间设置

如图 3.8 所示，勾选"显示行号"，切换至"在线编程"界面后，在程序逻辑处将显示程序的行号。输入锁屏时间，点击【设置】，可更新屏幕锁定的时间。默认锁屏时间为 500 s。

图 3.8 "行号与锁屏时间"设置界面

3.3.5 更新设置

1. 恢复出厂设置

"更新"界面可进行恢复出厂设置、软件/固件更新、文件导出。"更新"界面只有在 admin 用户登录下才能进行修改。

如图 3.9 所示，点击【恢复出厂设置】，系统将恢复出厂时状态，用户密码将恢复至初始密码"1"，锁屏时间恢复为初始锁屏时间"500 s"。

注意：恢复出厂设置后，软件用户配置的数据将被清除，请谨慎使用此项功能。

图 3.9　"恢复出厂设置"界面

2. 更新软件

更新软件用来升级 AUBORPE 软件，图 3.10 所示为"更新软件"界面，程序名称以 "AuboProgramUpdate"开头；固件安装包升级用来升级接口板程序软件，程序名称以 "InterfaceBoard"开头。

图 3.10　"更新软件"界面

软件/固件更新操作步骤如下：

（1）插入 USB 存储设备，在图 3.10 所示界面中选择【更新软件】/【固件按钮】。

（2）点击【扫描软件安装包】/【扫描固件安装包】，在更新包列表中识别出需要更新的软件/固件后点击该软件名称条目。

（3）点击【更新软件】/【更新固件】。

文件目录名称只能为英文字符。更新的软件/固件只能放在根目录下，必须是以"·aubo"结尾的压缩文件。

3.3.6 文件导出

工程文件的导出分为以下几个步骤：

（1）插入 USB 存储设备，并在图 3.11 所示界面中点击【文件导出】按钮。

（2）点击【扫描设备】，存储设备被识别后，点击【日志导出】/【工程导出】。

（3）相应的日志文件或工程文件将导入 USB 存储设备中。

图 3.11 "文件导出"界面

第4章　机器人基本操作

操作者操作工业机器人时，通常希望机器人的运动轨迹是基于周边工件的表面或边界特征，以便达到相应的动作要求。传统的实现方式是定义坐标系，将机器人内部坐标系和相关对象的坐标系相关联，即机器人外部相关坐标可根据机器人的"工具坐标"和"基坐标"来确定。采用此类方式有一个问题：操作人员需要具备一定的数学知识才能定义此类坐标系，而且即使是非常擅长机器人编程和安装的人员，要定义此类坐标系也需要花费大量时间。特别是，对于缺乏必要经验的人员而言，方位的表示过程非常复杂，很难理解。

针对这个问题，AUBO采用了一些独特而又简单的方法让操作者可以指定各对象相对于机器人的位置。因此，操作者只需执行几个步骤，即可完美解决上述问题。

4.1　手动操纵：示教器点动

机器人的位置控制可以在"机械臂示教"界面上进行，用户可通过位置/姿态控制机器人或逐个移动机器人关节来直接移动（缓慢移动）机器人本体。"机械臂示教"界面如图4.1所示。

※　机器人手动操纵

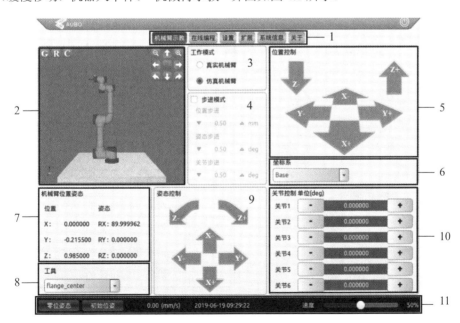

图4.1　"机械臂示教"界面

"机械臂示教"界面相关按钮功能见表 4.1。

表 4.1　"机械臂示教"界面相关按钮功能表

序号	名称	功　能
1	菜单栏	用户可在此栏选择机器人其他功能的界面
2	3D仿真界面	用户可以根据仿真环境来检验机器人的控制程序是否合理正确
3	工作模式	通过选择真实或仿真机械臂来实现机器人本体运行和虚拟运行
4	步进模式	使被控制的变量以步进的方式精确变化
5	位置控制	基于基坐标系（base）、末端坐标系（end）以及用户自定义平面坐标系（plane）来完成位置控制，用户可以对末端进行不同坐标系下的示教
6	坐标系选择	用户可以基于基坐标系、末端坐标系以及用户自定义坐标系对机器人运动状态进行控制
7	机械臂位置姿态	位置下的X、Y、Z表示工具法兰中心点在选定坐标系下的坐标；姿态下的RX、RY、RZ表示相对于选定坐标系旋转的角度值，是以一定顺序绕选定坐标系3个轴旋转得到的方位描述
8	工具选择	在目标选择下拉菜单中，可选择自定义的工具中心点或者默认的法兰盘重心
9	姿态控制	基于基坐标系（base）、末端坐标系（end）以及用户自定义平面坐标系（plane）来完成姿态控制
10	关节控制	关节控制按钮可控制每个机械臂关节的转动
11	底部栏	用户可进行零位姿态和初始位姿标定及速度调节

其中，位置控制模块如图 4.2 所示。按住平移箭头，机器人将按所指示的方向移动工具中心点（TCP），选择不同的参考坐标系，移动工具中的各个箭头所对应的功能不同，如图 4.2（b）所示。

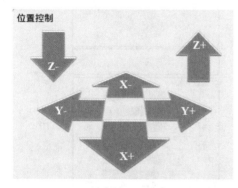

箭头	功　能
X+	沿着相应特征的X轴正方向移动
X-	沿着相应特征的X轴负方向移动
Y+	沿着相应特征的Y轴正方向移动
Y-	沿着相应特征的Y轴负方向移动
Z+	沿着相应特征的Z轴正方向移动
Z-	沿着相应特征的Z轴负方向移动

（a）平移箭头　　　　　　（b）箭头意义

图 4.2　位置控制模块

姿态控制模块如图 4.3 所示。

按住旋转箭头，机器人将按所指示的方向旋转，改变工具的姿态。旋转点是工具中心点。操作过程中可随时释放该按钮，使机器人停止运动。各个箭头所对应的功能不同，如图 4.3（b）所示。

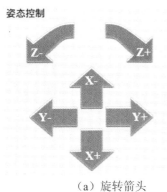

箭头	功　　能
X+、X−	沿着相应特征的 X 轴方向旋转
Y+、Y−	沿着相应特征的 Y 轴方向旋转
Z+、Z−	沿着相应特征的 Z 轴方向旋转

（a）旋转箭头　　　　　　　　（b）箭头意义

图 4.3　姿态控制模块

关节控制模块如图 4.4 所示，通过单击每个关节相对应的【+】或【−】按钮来控制机器人各关节运动。各关节达到其关节极限角度后，将无法再移离一步。

关节控制 单位(deg)

关节1	−	0.000000	+
关节2	−	0.000000	+
关节3	−	0.000000	+
关节4	−	0.000000	+
关节5	−	0.000000	+
关节6	−	0.000000	+

图 4.4　关节控制模块

示教器点动的具体操作步骤见表 4.2。

表 4.2　示教器点动操作步骤

序号	图片示例	操作步骤
1	电源按钮　AUBO	1. 按下控制柜上电开关按钮，控制柜上电开机。 2. 按下示教器上的电源按钮

续表 4.2

序号	图片示例	操作步骤
2	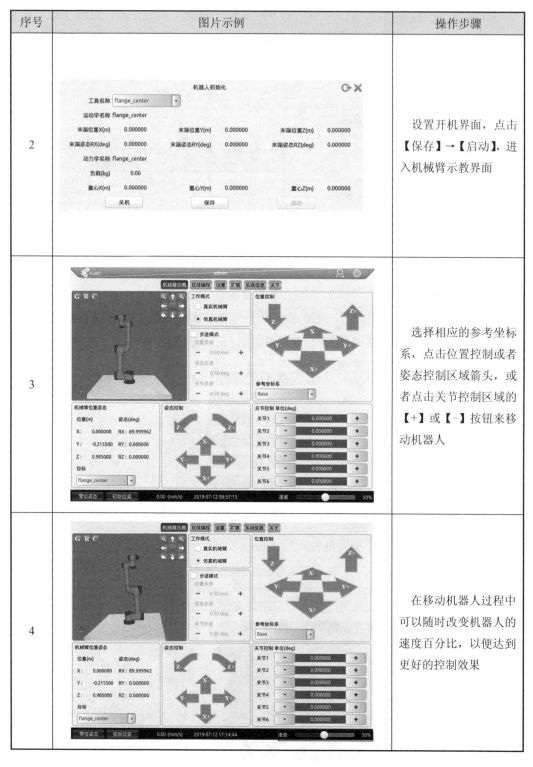	设置开机界面，点击【保存】→【启动】，进入机械臂示教界面
3		选择相应的参考坐标系，点击位置控制或者姿态控制区域箭头，或者点击关节控制区域的【+】或【-】按钮来移动机器人
4		在移动机器人过程中可以随时改变机器人的速度百分比，以便达到更好的控制效果

4.2　手动操纵：拖动示教

处在拖动示教模式时，操作者可以拖拽机器人至所需位置。开启拖动示教的操作方法是：半按住示教器右侧的力控开关，即可进行拖动示教。在"在线编程"界面有记录轨迹功能，可以拖动示教记录轨迹。

4.3　坐标系

通过示教器控制机器人运动时，所选择的坐标系不一样，运动效果也不一样。在"机械臂示教"界面中，坐标系分为基坐标系（base）、末端坐标系（end）、用户自定义坐标系。用户可以基于以上 3 种坐标系对机器人运动状态进行控制。在本小节，将分别介绍以上这 3 种坐标系。

4.3.1　坐标系种类

1. 基坐标系

在基坐标系中原点定义在机器人安装面与关节 1 的交点

※　坐标系种类

处，Z 轴垂直于基座所在平面，正方向指向关节 1 的后盖；Y 轴正方向由基座中心点指向机器人航插方向；X 轴正方向按右手规则确定。在示教器界面选择基坐标系（base）控制机器人，机械臂将会按照如图 4.5 所示坐标系方向运动。

图 4.5　基坐标系

2. 末端坐标系

末端坐标系即法兰中心坐标系，原点位于手腕法兰面圆心位置。Z 轴垂直于法兰盘平面，正方向向外；Y 轴正方向由法兰盘中心点指向机械臂末端 IO 方向；X 轴正方向按右手规则确定。在示教器界面选择末端坐标系控制机器人，机械臂将会按照如图 4.6 所示坐标系方向运动。

图 4.6　末端坐标系

3. 用户自定义坐标系

用户自定义坐标系需要用户根据实际情况自己设置坐标系详情，具体设置请参见"用户坐标系标定"章节，设置完毕后可通过示教器"示教"界面的下拉菜单来选择坐标系名称。

4.3.2　工具标定

机器人系统对其位置的描述和控制是以机器人的工具中心点（Tool Center Point，TCP）为基准的。进行工具标定，建立工具坐标系是为了将机器人的控制点从法兰盘中心转移到所装工具末端，以方便用户编程和使用。

✲　工具标定

工具标定包含两个部分：工具运动学标定和工具动力学标定。工具运动学标定又分为位置标定与姿态标定，工具标定组成如图 4.7 所示。

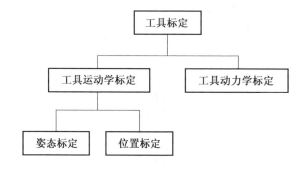

图 4.7　工具标定组成图

在进行工具标定时应先标定工具的运动学参数和动力学参数，再进入"工具标定"界面，为工具选择一个运动学和动力学属性，输入工具名称，之后添加工具。

1. 工具运动学标定

工具运动学标定是为了约束工具末端轨迹运动。工具运动学标定包括位置标定和姿态标定，在标定工具运动学参数之前，请先确保机械臂已安装好工具。建议先确定位置标定点，之后再确定姿态标定点。

（1）位置标定。

标定位置即选择 4 个或以上的点满足工具末端位置不变。所有位置标定点需要满足工具末端位置相对于机械臂基座标系位置不变。

（2）姿态标定。

标定姿态参数需要有且仅有两个路点（不计参考点）。姿态标定是可选项，若不标定姿态则工具姿态与法兰盘姿态相同。

根据是否需要参考位置（即 4 个或以上位置标定点中的某一路点），姿态标定分成两大类共 6 种标定方法，第一类是有参考点的标定方法，第二类是无参考点的标定方法。以下介绍常用的第一类有参考点的两种姿态标定方法，标定点类型分别见表 4.3。

表 4.3　姿态标定类型

序号	类型	图片示例	类型说明
1	xOxy	姿态标定方法　xOxy　描述　Reference Point : Origin　Ori1 : Any point on X-axis positive axis　Ori2 : Any point on first quadrant of xOy Plane	参考点为原点，标定的第一个点为 X_t 正半轴上的任意一点，标定的第二个点为 xOy 平面第一象限内任意一点
2	yOyz	姿态标定方法　yOyz　描述　Reference Point : Origin　Ori1 : Any point on Y-axis positive axis　Ori2 : Any point on first quadrant of yOz Plane	参考点为原点，标定的第一个点为 Y_t 正半轴上的任意一点，标定的第二个点为 yOz 平面第一象限内任意一点

位置和姿态标定基本操作步骤见表 4.4。

表 4.4　位置和姿态标定基本操作步骤

序号	图片示例	操作步骤
1	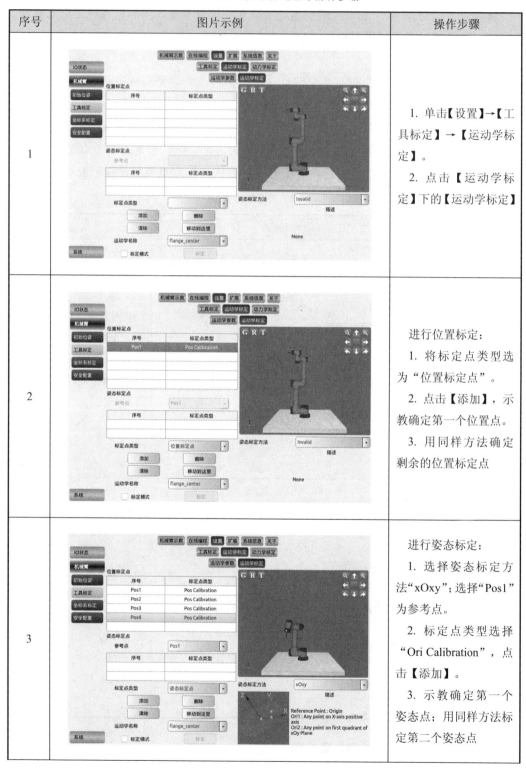	1. 单击【设置】→【工具标定】→【运动学标定】。 2. 点击【运动学标定】下的【运动学标定】
2		进行位置标定： 1. 将标定点类型选为"位置标定点"。 2. 点击【添加】，示教确定第一个位置点。 3. 用同样方法确定剩余的位置标定点
3		进行姿态标定： 1. 选择姿态标定方法"xOxy"；选择"Pos1"为参考点。 2. 标定点类型选择"Ori Calibration"，点击【添加】。 3. 示教确定第一个姿态点；用同样方法标定第二个姿态点

续表 4.4

序号	图片示例	操作步骤
4	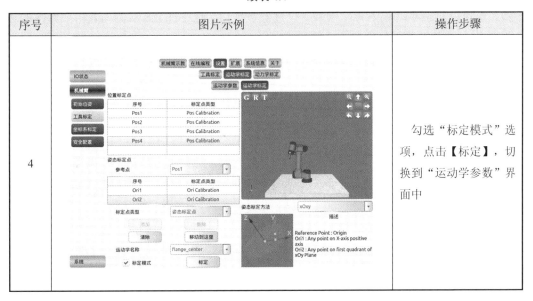	勾选"标定模式"选项，点击【标定】，切换到"运动学参数"界面中

（3）运动学参数设置。

运动学参数为安装的工具相对于腕部 3 工具端的距离参数和姿态参数。通过运动学标定，标定好的工具末端位置参数和姿态参数将自动添加到左下角的数据显示区中。如图 4.8 所示，输入一个运动学名称，点击【添加】按钮，即添加了工具运动学名称。

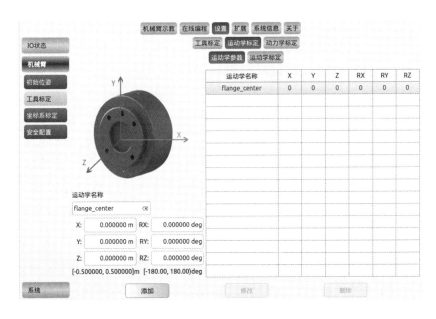

图 4.8　"运动学参数"设置界面

修改工具运动学参数时，和添加工具运动学参数流程一样，既可以通过标定点标定参数，也可以直接手动输入标定参数。设置好参数后，选中图 4.8 右侧列表中要修改的运动学参数，点击【修改】按钮，完成修改。

删除工具运动学参数时，先在列表中选中需要删除的运动学名称，点击【删除】按钮，完成删除。

注意：运动学参数中的"flange_center"选项为系统默认参数，不能修改或删除。

2. 工具动力学标定

如图 4.9 所示，输入工具动力学名称、工具负载、工具重心参数，点击【添加】完成工具动力学的标定。工具动力学标定是为了约束机械臂有负载时的速度和加速度等动力学参数。

修改工具动力学参数时，先选中要修改的那项，输入要修改的数值，点击【修改】按钮，完成修改。删除工具动力学参数时，先选中要删除的那项，点击【删除】按钮，完成删除。

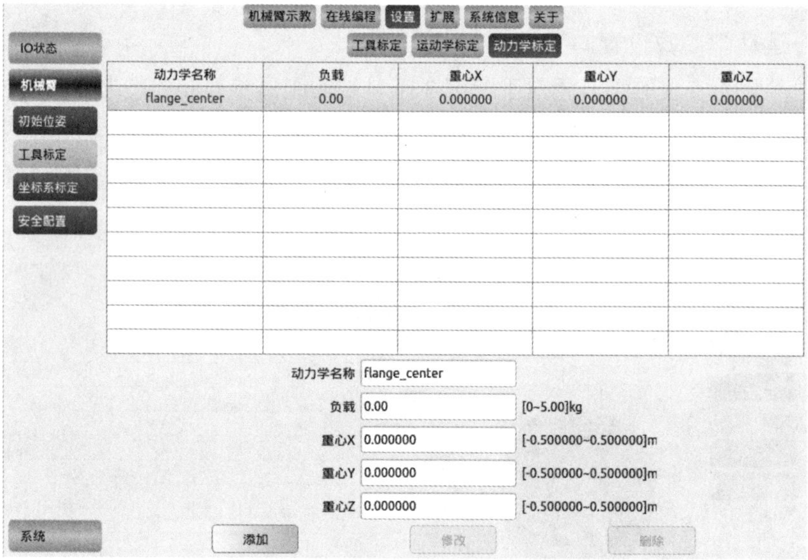

图 4.9 工具"动力学标定"界面

注意："flange_center"选项为系统默认参数，不能修改或删除。

3. 工具标定

工具标定为工具运动学标定与动力学标定的组合。完成工具运动学和动力学参数标定后，进入"工具标定"界面。如图 4.10 所示，输入工具名称，通过下拉列表选择工具运动学和动力学名称，点击【添加】按钮，保存工具参数。

修改工具标定时，选中列表中需要修改的条目，可以修改工具名称、动力学名称和运动学名称。点击【修改】按钮，完成修改。

删除工具标定时，选中要删除的那项，点击【删除】按钮，完成删除。

图 4.10　"工具标定"界面

工具标定的具体操作：工具运动学标定→工具动力学标定→工具标定。本小节操作过程中选取的固定点是基础实训模块上标定尖锥末端点，如图 4.11 所示。

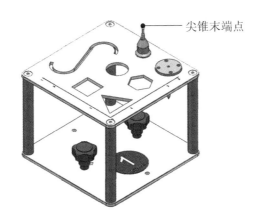

图 4.11　基础实训模块

（1）首先进行运动学标定，具体步骤见表 4.5。

表 4.5　运动学标定操作步骤

序号	图片示例	操作步骤
1	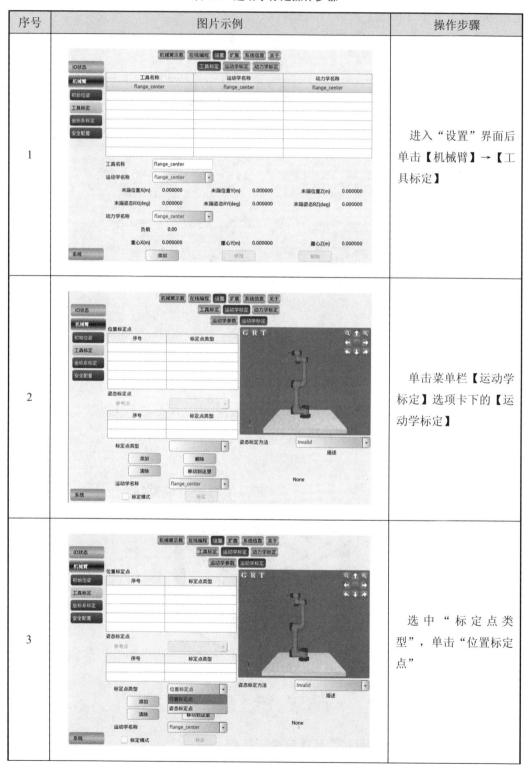	进入"设置"界面后单击【机械臂】→【工具标定】
2		单击菜单栏【运动学标定】选项卡下的【运动学标定】
3		选中"标定点类型"，单击"位置标定点"

续表 4.5

序号	图片示例	操作步骤
4	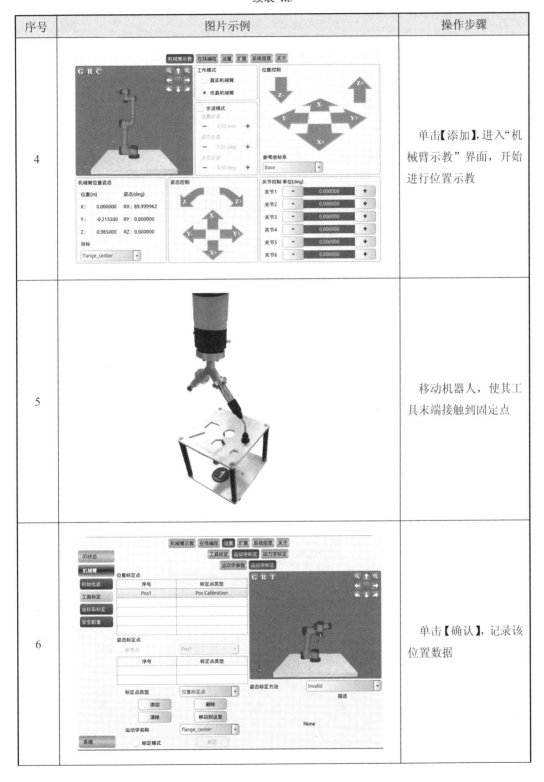	单击【添加】,进入"机械臂示教"界面,开始进行位置示教
5		移动机器人,使其工具末端接触到固定点
6		单击【确认】,记录该位置数据

续表 4.5

序号	图片示例	操作步骤
7	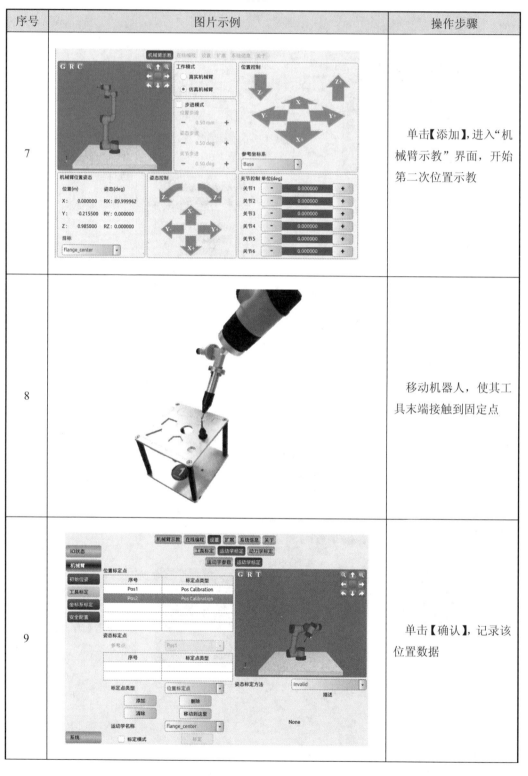	单击【添加】，进入"机械臂示教"界面，开始第二次位置示教
8		移动机器人，使其工具末端接触到固定点
9		单击【确认】，记录该位置数据

续表 4.5

序号	图片示例	操作步骤
10	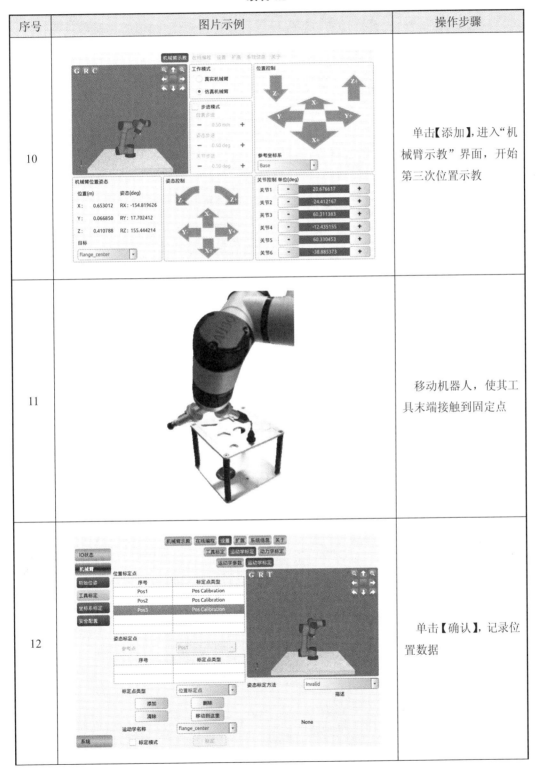	单击【添加】，进入"机械臂示教"界面，开始第三次位置示教
11		移动机器人，使其工具末端接触到固定点
12		单击【确认】，记录位置数据

续表 4.5

序号	图片示例	操作步骤
13	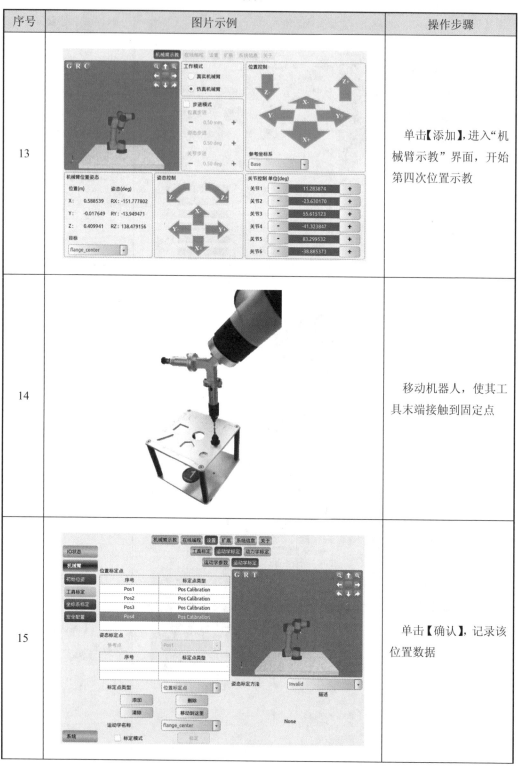	单击【添加】,进入"机械臂示教"界面,开始第四次位置示教
14		移动机器人,使其工具末端接触到固定点
15		单击【确认】,记录该位置数据

续表 4.5

序号	图片示例	操作步骤
16	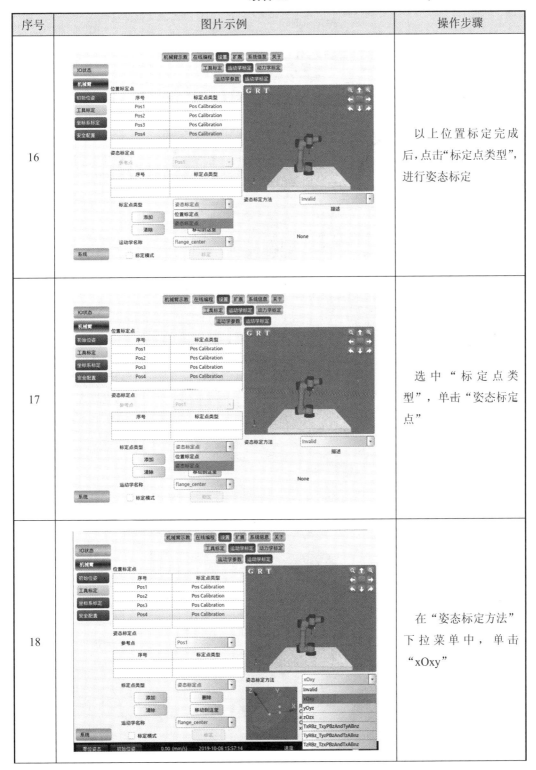	以上位置标定完成后,点击"标定点类型",进行姿态标定
17		选中"标定点类型",单击"姿态标定点"
18		在"姿态标定方法"下拉菜单中,单击"xOxy"

续表 4.5

序号	图片示例	操作步骤
19	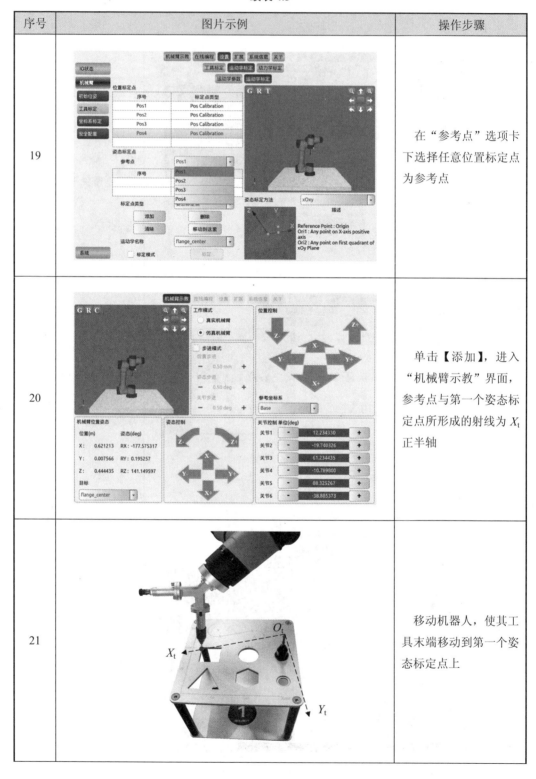	在"参考点"选项卡下选择任意位置标定点为参考点
20		单击【添加】，进入"机械臂示教"界面，参考点与第一个姿态标定点所形成的射线为 X_t 正半轴
21		移动机器人，使其工具末端移动到第一个姿态标定点上

续表 4.5

序号	图片示例	操作步骤
22	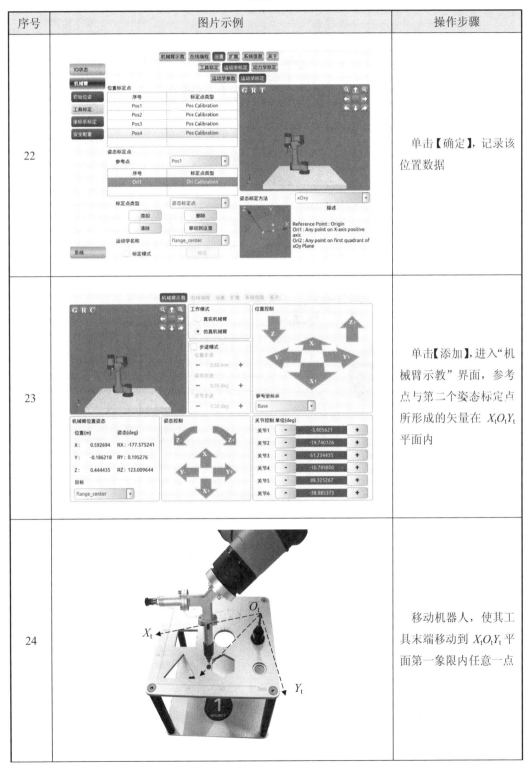	单击【确定】，记录该位置数据
23		单击【添加】，进入"机械臂示教"界面，参考点与第二个姿态标定点所形成的矢量在 $X_tO_tY_t$ 平面内
24		移动机器人，使其工具末端移动到 $X_tO_tY_t$ 平面第一象限内任意一点

续表 4.5

序号	图片示例	操作步骤
25	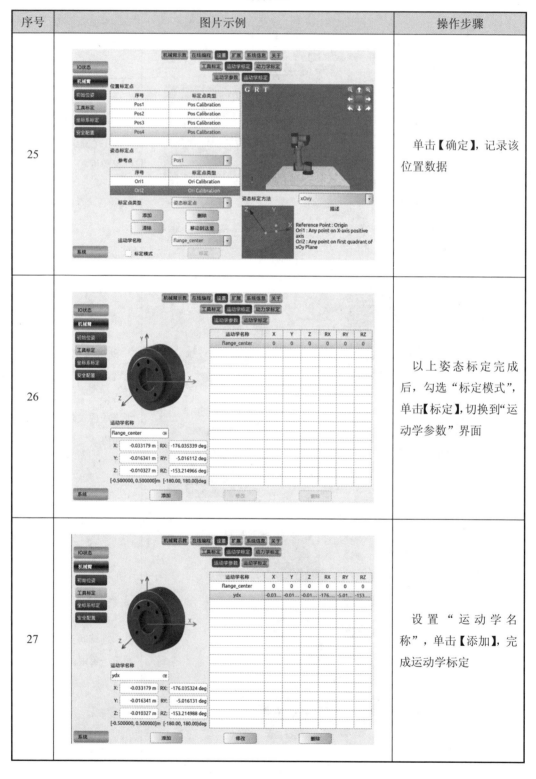	单击【确定】，记录该位置数据
26		以上姿态标定完成后，勾选"标定模式"，单击【标定】，切换到"运动学参数"界面
27		设置"运动学名称"，单击【添加】，完成运动学标定

（2）完成运动学工具标定后，进行动力学标定，标定方法的具体操作见表 4.6。

表 4.6　动力学标定操作步骤

序号	图片示例	操作步骤
1		单击【动力学标定】，进入"动力学标定"界面
2		设置"动力学名称"，修改负载、重心参数。本例中： 负载=0.5 kg； 重心 X=0.05 m； 重心 Z=0.1 m
3		完成参数设置后，单击【添加】，完成动力学标定

续表 4.6

序号	图片示例	操作步骤
4	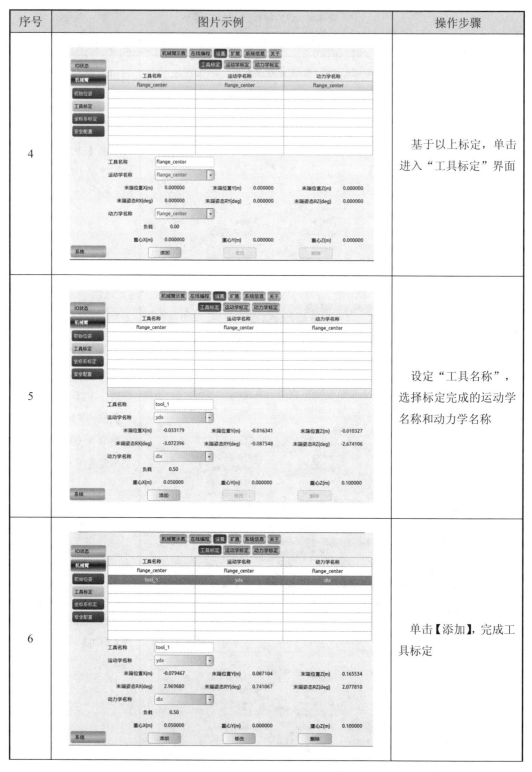	基于以上标定，单击进入"工具标定"界面
5		设定"工具名称"，选择标定完成的运动学名称和动力学名称
6		单击【添加】，完成工具标定

56

续表 4.6

序号	图片示例	操作步骤
7	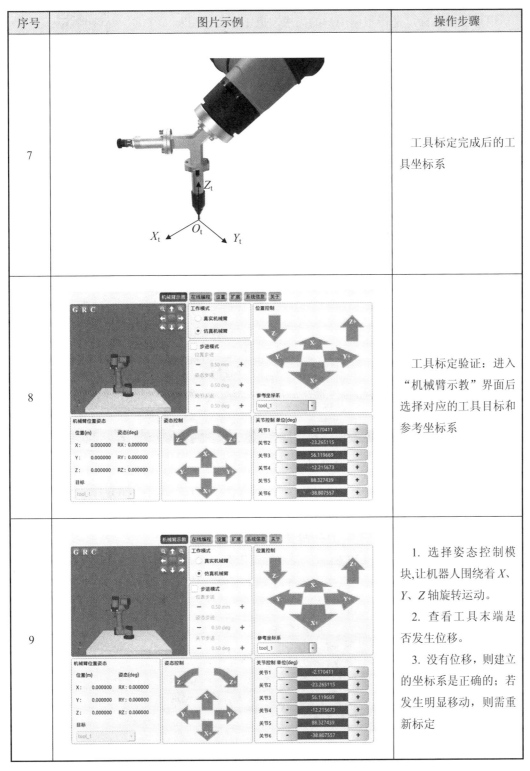	工具标定完成后的工具坐标系
8		工具标定验证：进入"机械臂示教"界面后选择对应的工具目标和参考坐标系
9		1. 选择姿态控制模块,让机器人围绕着 X、Y、Z 轴旋转运动。 2. 查看工具末端是否发生位移。 3. 没有位移,则建立的坐标系是正确的;若发生明显移动,则需重新标定

4.3.3　用户坐标系标定

用户坐标系标定是指根据用户的需求，以工作台或目标
工件为参考，重新定义坐标系，以方便编程和使用。

※　用户坐标系标定

标定时先确定所标定用户坐标系的类型，通过"坐标系
标定方法"右侧的下拉菜单选择所需的坐标系类型。然后选
中标定方法，选中"Point1"，点击【设置路点】，进入"机械臂示教"界面，标定坐标
系原点。用同样的方法标定"Point2"和"Point3"。输入坐标系名称，点击【添加】按
钮保存坐标系参数。"坐标系标定"界面如图 4.12 所示。

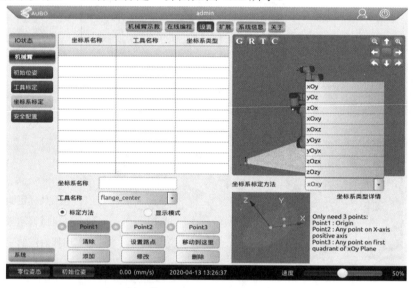

图 4.12　"坐标系标定"界面

坐标系标定方法有 9 种类型，分别为 xOy、yOz、zOx、xOxy、xOxz、yOyz、yOyx、
zOzx、zOzy。

以下介绍常用的两种类型，标定点要求如下：

（1）xOy 类型，如图 4.13 所示，要求标定的第一个点为坐标系原点，第二个点在 X
轴正半轴上任意一点，第三个点在 Y 轴正半轴上任意一点，三点所形成的夹角为直角。

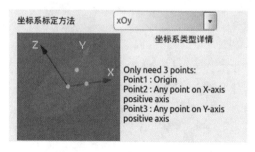

图 4.13　xOy 类型

（2）xOxy 类型，如图 4.14 所示，要求标定的第一个点为坐标系原点，第二个点在 X 轴正半轴上任意一点，第三个点在 xOy 平面第一象限内任意一点，三点所形成的夹角为锐角。

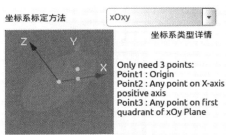

图 4.14　xOxy 类型

操作目标是在基础实训模块上表面建立平面，该平面的坐标系如图 4.15 所示。

图 4.15　平面坐标系

首先进行用户坐标系标定，具体步骤见表 4.7。

表 4.7　用户坐标系标定操作步骤

序号	图片示例	操作步骤
1	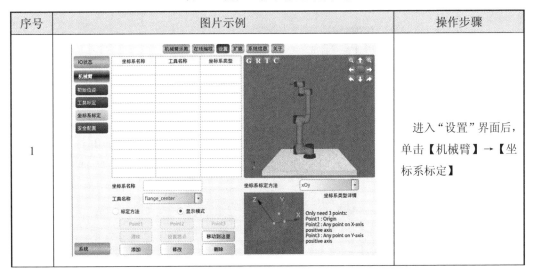	进入"设置"界面后，单击【机械臂】→【坐标系标定】

续表 4.7

序号	图片示例	操作步骤
2	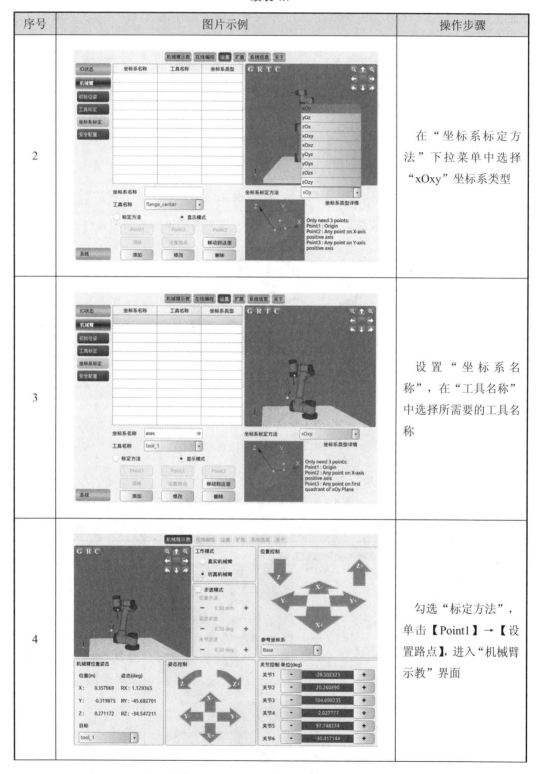	在"坐标系标定方法"下拉菜单中选择"xOxy"坐标系类型
3		设置"坐标系名称"，在"工具名称"中选择所需要的工具名称
4		勾选"标定方法"，单击【Point1】→【设置路点】，进入"机械臂示教"界面

续表 4.7

序号	图片示例	操作步骤
5	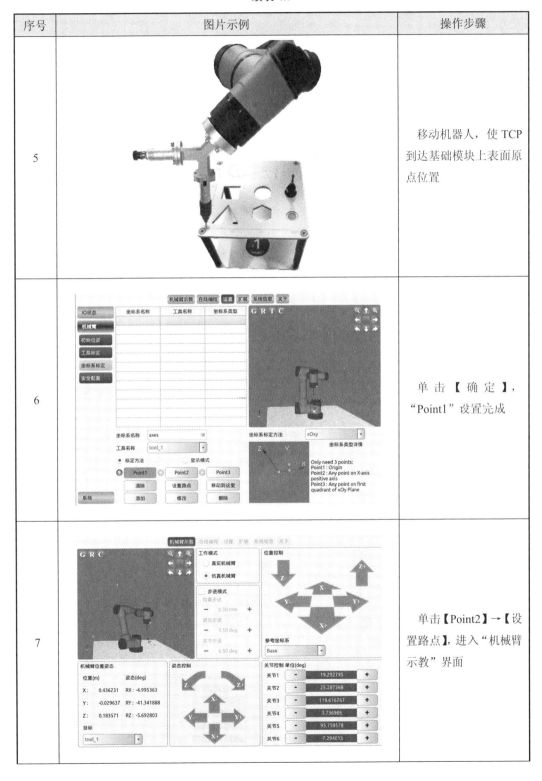	移动机器人，使 TCP 到达基础模块上表面原点位置
6		单击【确定】，"Point1"设置完成
7		单击【Point2】→【设置路点】，进入"机械臂示教"界面

续表 4.7

序号	图片示例	操作步骤
8	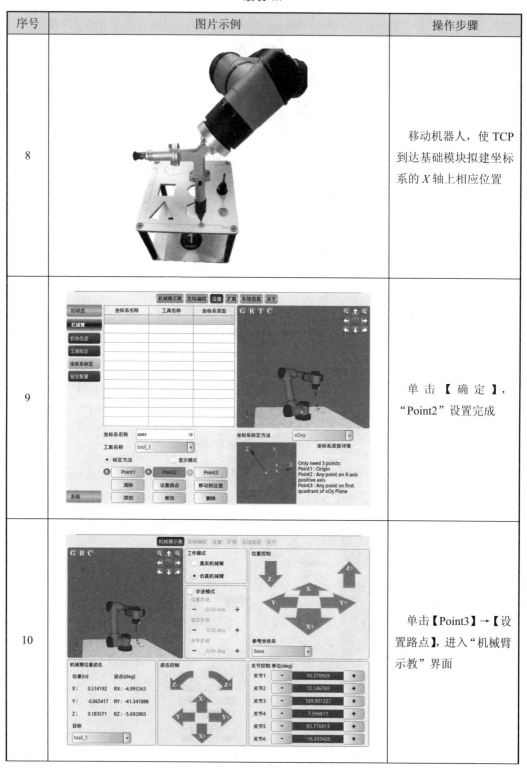	移动机器人，使 TCP 到达基础模块拟建坐标系的 X 轴上相应位置
9		单击【确定】，"Point2"设置完成
10		单击【Point3】→【设置路点】，进入"机械臂示教"界面

续表 4.7

序号	图片示例	操作步骤
11	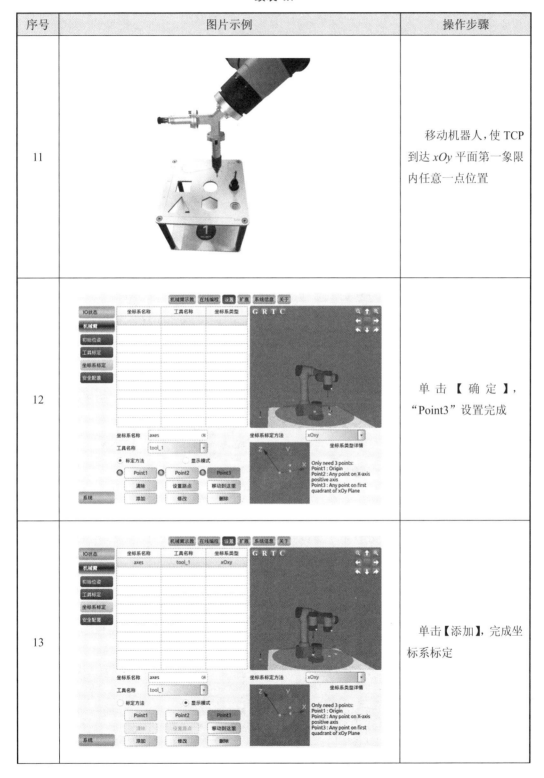	移动机器人，使 TCP 到达 *xOy* 平面第一象限内任意一点位置
12		单击【确定】，"Point3"设置完成
13		单击【添加】，完成坐标系标定

续表 4.7

序号	图片示例	操作步骤
14	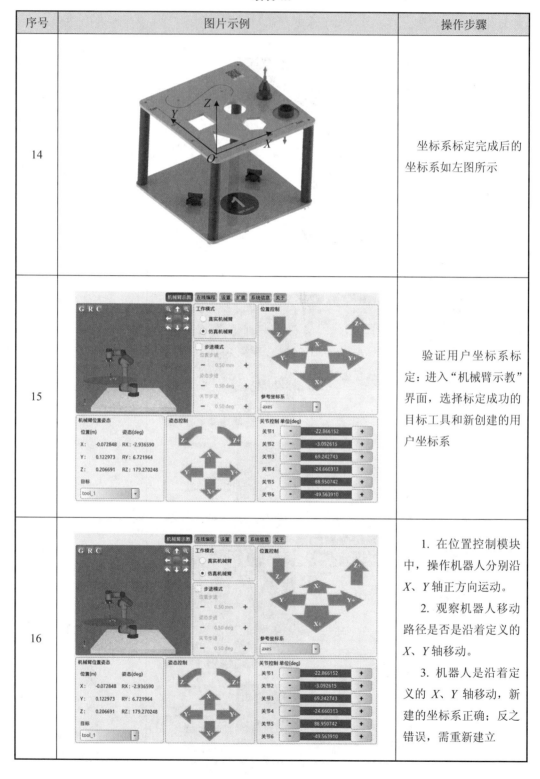	坐标系标定完成后的坐标系如左图所示
15		验证用户坐标系标定：进入"机械臂示教"界面，选择标定成功的目标工具和新创建的用户坐标系
16		1. 在位置控制模块中，操作机器人分别沿 X、Y 轴正方向运动。 2. 观察机器人移动路径是否是沿着定义的 X、Y 轴移动。 3. 机器人是沿着定义的 X、Y 轴移动，新建的坐标系正确；反之错误，需重新建立

64

第 5 章 I/O 通信

I/O 信号即输入输出信号，是机器人与末端执行器、外部装置等系统外围设备进行通信的电信号。遨博机器人的 I/O 信号可分为 3 类：控制器 I/O、用户 I/O 和工具 I/O。

控制柜内部含有控制主板、安全接口板、开关电源和安全防护元件等。安全接口板在控制柜上面板上，内有电气接口。图 5.1 所示为控制柜上面板。

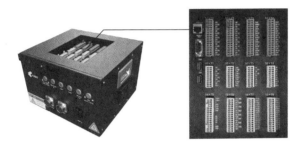

图 5.1 控制柜上面板

5.1 控制器 I/O

"控制器 I/O 状态"界面上包括内部 I/O、联动 I/O 和安全 I/O。图 5.2 所示为"控制器 I/O 状态"界面。

※ 控制器 I/O

图 5.2 "控制器 I/O 状态"界面

5.1.1 内部 I/O

控制器内部 I/O 为内部功能接口，提供控制器内部接口板的 I/O 状态显示，此部分接口不对用户开放。用户可通过示教器界面查看内部 I/O 状态，控制器内部 I/O 状态说明见表 5.1。

表5.1　控制器内部I/O状态说明

输入/输出	输入			
I/O名称	CI00	CI01	CI02	CI03
功能定义	状态有效：联动模式 状态无效：手动模式	状态有效：主动模式 状态无效：从动模式	控制柜接触器	控制柜急停
I/O名称	CI10	CI11	CI12	CI13
功能定义	伺服上电	伺服断电	控制柜接触器	控制柜急停
输入/输出	输出			
I/O名称	CO00	CO01	CO02	CO03
功能定义	待机指示	急停指示	状态有效：联动模式 状态无效：手动模式	上位机运行指示
I/O名称	CO10	CO11	CO12	CO13
功能定义	备用	急停指示	备用	备用

5.1.2 联动 I/O

机器人处在联动模式时，机械臂可通过联动模式 I/O 接口与外部一台或多台设备（机械臂等）通信。此模式一般适用于多台机械臂之间进行协同运动。联动控制 I/O 接口位于控制柜上面板上，以 LI/LO 表示，如图 5.3 所示。在联动模式下用户可用联动模式 I/O 功能及状态说明见表 5.2。

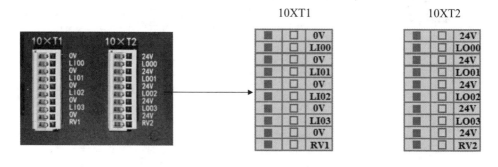

图 5.3　联动模式 I/O 接口

表5.2 联动模式下用户可用联动模式I/O功能及状态说明

输入/输出	I/O名称	功能定义	I/O名称	功能定义
输入	LI00	联动模式下，程序启动信号输入接口	LI03	联动模式下，程序回初始位置信号输入接口（需要配合F6使用）
	LI01	联动模式下，程序停止信号输入接口	LI04	远程开机信号输入接口（非联动模式下也可远程控制）
	LI02	联动模式下，程序暂停信号输入接口	LI05	远程关机信号输入接口（非联动模式下也可远程控制）
输出	LO00	联动模式下，程序运行信号输出接口	LO02	联动模式下，程序暂停信号输出接口
	LO01	联动模式下，程序停止信号输出接口	LO03	联动模式下，程序回初始位置信号输出接口

5.1.3 安全 I/O

安全 I/O 均具备双回路安全通道（冗余设计），可确保在发生单一故障时不会丧失安全功能。安全 I/O 接口位于控制柜上面板的橙色端子排上，需保留成两个分支，如图 5.4 所示。

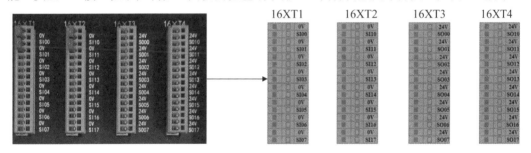

图 5.4 安全 I/O 接口

安全 I/O 的功能定义见表 5.3。

表5.3 安全I/O功能定义

输入/输出	I/O名称		功能定义	I/O名称		功能定义
输入	SI00	SI10	外部紧急停止	SI04	SI14	三态开关
	SI01	SI11	防护停止输入	SI05	SI15	操作模式
	SI02	SI12	缩减模式输入	SI06	SI16	拖动示教使能
	SI03	SI13	防护重置	SI07	SI17	系统停止输入
输出	SO00	SO10	系统紧急停止（常开）	SO04	SO14	非缩减模式
	SO01	SO11	机器人运动	SO05	SO15	系统错误
	SO02	SO12	机器人未停止	SO06	SO16	系统紧急停止（常闭）
	SO03	SO13	缩减模式	SO07	SO17	上位机运行指示

安全 I/O 有两种固定的安全停止输入：一种是外部紧急停止输入，仅用于紧急停止设备；第二种是防护停止输入，用于其他安全型保护设备。外部紧急停止和防护停止输入均与 0 V 短接有效。

下面列举一些关于使用安全 I/O 的示例。

1. 默认安全配置

出厂的机器人均进行了默认安全配置，如图 5.5 所示，短接安全 I/O 和 0 V，机器人可以在不添加附加安全设备的情况下进行操作。

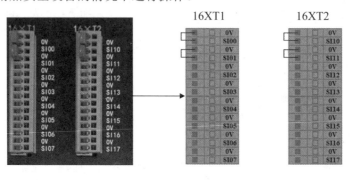

图 5.5　默认安全配置

2. 连接紧急停止按钮

需要使用一个或多个额外的紧急停止按钮时，连接单个紧急停止按钮的接线示意图如图 5.6 所示。

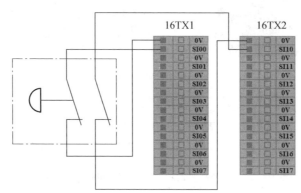

图 5.6　急停按钮接线

3. 防护停止接入

用户可通过此接口，连接外部安全设备（如安全光幕、安全激光扫描仪等），控制机械臂进入防护停止状态，停止运动。

在配置可自动重置的防护停止时，可使用安全光幕连接至防护停止输入接口，其具体接线方式如图 5.7 所示。

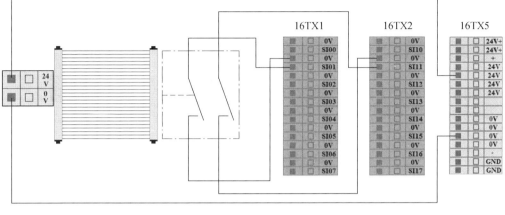

图 5.7　防护停止接线

4. 防护重置输入

在配置带重置设备的防护停止时，可使用安全光幕连接至防护停止输入接口，并使用安全重置按钮连接至防护重置输入接口，其具体接线方式如图 5.8 所示。

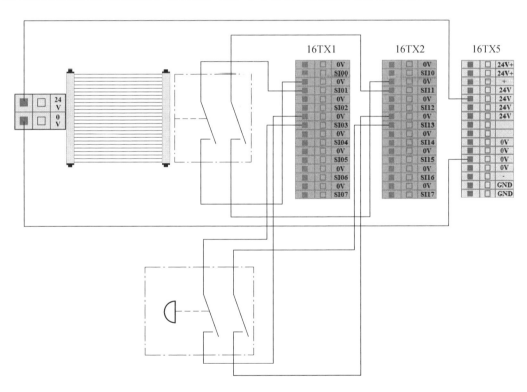

图 5.8　防护重置接线

操作人员在离开安全地带后，可从安全地带外部，通过重置按钮重置机械臂，使机械臂从停止点开始继续运行。此过程中，需使用防护重置输入。

5.2 用户 I/O

※ 用户 I/O

"用户 I/O 状态"界面上包括数字 I/O 和模拟 I/O，其中 F1～F5 为保留 I/O 信号，目前不对用户开放，F6 为清除警报信号，低电平有效。图 5.9 所示为"用户 I/O 状态"界面。

DI	F1		F2		F3		F4	
	F5		F6		U_DI_00		U_DI_01	
	U_DI_02		U_DI_03		U_DI_04		U_DI_05	
	U_DI_06		U_DI_07		U_DI_10		U_DI_11	
	U_DI_12		U_DI_13		U_DI_14		U_DI_15	
	U_DI_16		U_DI_17					
DO	U_DO_00		U_DO_01		U_DO_02		U_DO_03	
	U_DO_04		U_DO_05		U_DO_06		U_DO_07	
	U_DO_10		U_DO_11		U_DO_12		U_DO_13	
	U_DO_14		U_DO_15		U_DO_16		U_DO_17	
AI	VI0	0 V	VI1	0 V	VI2	0 V		
	VI3	0 V						
AO	CO0	0 mA	CO1	0 mA	VO0	0 V		
	VO1	0 V						

图 5.9 "用户 I/O 状态"界面

1. 通用数字 I/O 接口

通用数字 I/O 接口位于控制柜上面板接口板上。DI 和 DO 为通用数字 I/O，共有 16 路输入和 16 路输出，图 5.10 所示为通用数字 I/O 接口图，DI00～DI17 为输入 I/O 接口，DO00～DO17 为输出 I/O 接口。

16XT7

| DI00 |
| DI01 |
| DI02 |
| DI03 |
| DI04 |
| DI05 |
| DI06 |
| DI07 |
| DI10 |
| DI11 |
| DI12 |
| DI13 |
| DI14 |
| DI15 |
| DI16 |
| DI17 |

16XT8

| DO00 |
| DO01 |
| DO02 |
| DO03 |
| DO04 |
| DO05 |
| DO06 |
| DO07 |
| DO10 |
| DO11 |
| DO12 |
| DO13 |
| DO14 |
| DO15 |
| DO16 |
| DO17 |

图5.10 通用数字I/O接口

DI 和 DO 以 NPN 的方式工作。DI 端与地导通可触发动作，DI 端与地断开则不触发动作。DI 端可以读取开关按钮、传感器、PLC 或者其他 AUBO 机器人的动作信号。DO 端的 NPN 工作方式如图 5.11 所示，当给定逻辑"1"时，DO 端和 GND 导通；当给定逻辑"0"时，DO 端和 GND 断开。

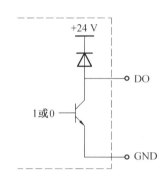

图5.11　DO端NPN工作方式示意图

下面列举一些常用的接线示例。

（1）DI 端连接按钮开关。

如图 5.12 所示，DI 端可以通过一个常开按钮连接到地（G）。当按钮按下时，DI 端和 GND 导通，触发动作；当没有按下按钮时，DI 端和 GND 断开，则不触发动作。这是最简单的接线示例。

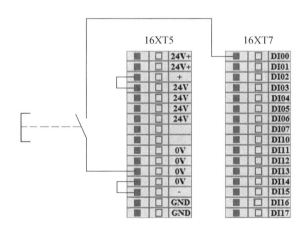

图 5.12　DI 端连接按钮开关示意图

（2）DI 端连接传感器。

如图 5.13 所示，DI 端和 GND 之间连有一个传感器。若传感器工作时 OUT 端和 GND 端电压差很小，可以触发动作；传感器不工作时，回路断开，不触发动作。

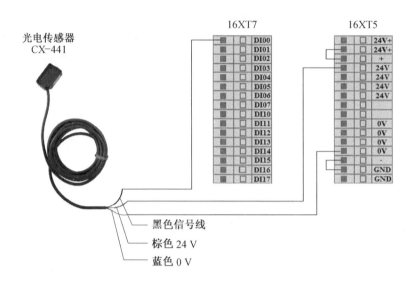

图 5.13 DI 端连接传感器示意图

（3）DO 端接负载。

DO 端可以直接和负载相连，如图 5.14 所示，DO 端连接一个负载电磁阀，电磁阀控制线两端分别接到机器人数字输出的 DO00 和 24 V 端口上。

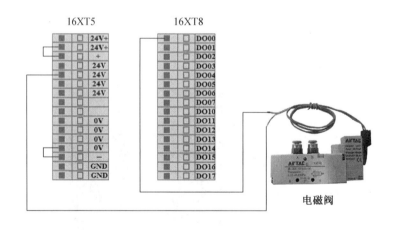

图 5.14 DO 端接负载示意图

2. 模拟 I/O 接口

模拟 I/O 接口位于控制柜背面接口板上，有 4 路模拟电压输入接口，范围均为 0～+10 V，精度为±1%，以 VI 端表示；还有 2 路模拟电压输出端和 2 路模拟电流输出端，分别以 VO 和 CO 表示，如图 5.15 所示。

16XT6

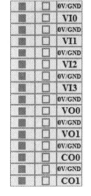

图 5.15　模拟 I/O 接口示意图

输出 I/O 状态的控制：选择需要改变状态的 I/O，然后在文本框中输入相应的数值，其中 DO 有 low 和 high 两种状态，AO 中的电压输出范围为 0～+10V，电流输出范围为 0～20mA，选中 I/O 名称，点击发送按钮，相应的 I/O 即被置为设定值。

5.3　工具 I/O

机器人本体腕部 3 处工具末端有一个 8 引脚小型连接器，可为机器人末端使用的特定工具（夹持器等）提供电源和控制信号，其电气误差在±10%左右。机器人本体工具 I/O 接口如图 5.16 所示。

工具 I/O

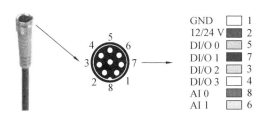

图 5.16　机器人本体工具 I/O 接口示意图

电缆选用 Lumberg RKMV 8-354 工业电缆，电缆内部的 8 条不同颜色的线分别代表不同的功能，见表 5.4。

工具 I/O 连接器为机器人使用的特定工具提供电源和控制信号。在"图形用户"界面的"I/O"选项卡中，可将内部电源设置为 0 V、12 V 和 24 V。

工具数字输出以 NPN 的形式实现，数字输出端激活后，相应的接头会被驱动接通 GND；数字输出端禁用后，相应的接头将处于开路。工具数字输入以配有弱下拉电阻器的 NPN 形式实现。

表5.4　电缆线序功能表

序号	颜色	信号	管脚
1	白色	GND	1
2	棕色	12/24 V	2
3	灰色	DI/O0	5
4	蓝色	DI/O1	7
5	绿色	DI/O2	3
6	黄色	DI/O3	4
7	红色	AI0	8
8	粉色	AI1	6

第6章　机器人指令

机器人的指令也称为命令，是为了让机器人完成某些动作而设定的描述语句。在 AUBO-i5 机器人系统中指令有基础条件命令和高级条件命令两种类型。基础条件命令中包含了移动、循环、对条件判断、设置、等待等基础功能。高级条件命令中包含了多线程控制、脚本编辑、离线等高级功能。

6.1　移动命令

移动（Move）命令用于机器人末端工具中心点在路点间的移动操作。通过基本路点（waypoint）控制机器人的运行，路点必须置于运动命令下。

※　移动命令

6.1.1　移动类型

机械臂运动属性有 3 种选择：轴动运动、直线运动和轨迹运动。

1. 轴动运动

各个关节以最快的速度同步到达目标的路点，而不考虑 TCP 移动路径，即为轴动运动。轴动运动适用于在空间足够的环境下，用最快的方式移动。图 6.1 所示为轴动运动的操作界面。

图6.1　轴动运动的操作界面

在机器人运行过程中，可通过轨迹显示功能观察机械臂末端的运行轨迹，如图 6.2 所示。

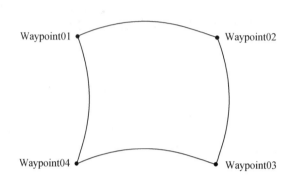

图6.2　关节移动轨迹

关节运行中可分别设置关节1～6的最大角速度和最大角加速度百分比，点击【共享】按钮可将速度或加速度复制到其他关节处。

2. 直线运动

直线运动是指将工具中心点在路点之间进行线性移动。这意味着每个关节均会执行更为复杂的移动，以使工具保持在直线路径上。图 6.3 所示为直线运动的操作界面。

图6.3　直线运动的操作界面

适用于直线运动类型的共用参数包括所需工具的最大速度、最大加速度（分别以 mm/s 和 mm/s^2 表示）和运动模式。与轴动运动类似，工具速度能否达到和保持最大速度取决于直线位移和最大加速度参数。直线运动轨迹如图 6.4 所示。

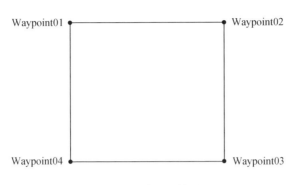

图6.4　直线运动轨迹

3. 轨迹运动

轨迹运动为多个路点的运动，运行过程中相应的关节空间或笛卡尔空间运行速度、加速度连续，始末路点速度为零。轨迹运动目前有圆弧（Arc）、圆周（Cir）、直线轨迹的圆弧平滑过渡（MoveP）、B 样条曲线（B_Spline）4 种模式。编写轨迹运动时，每个 Move 命令下需要至少 3 个路点（理论上没有上限），且需要在该命令前插入一个轴动 Move 命令，此 Move 命令下的节点需与轨迹运动的第一个路点一致。

（1）圆弧、圆周运动。

圆弧运动采用三点法确定圆弧，并按照顺序从起始路点运动至结束路点，属于笛卡尔空间轨迹规划，姿态变化仅受始末点影响。圆弧运动的最大速度和加速度的意义同直线运动的。与圆弧运动相似，圆周运动也采用三点法确定整圆轨迹及运动方向，完成整个圆周运动后回到起点，运动过程中保持起始点姿态不变。如图 6.5 所示，轨迹类型选择"Arc"时，为圆弧运动；参数类型选择"Cir"时，为圆周运动，右侧文本框可输入圆周循环的次数。图 6.6 所示为圆弧/圆周运动示例，第一个"Move"为轴动运动，第二个"Move"为圆弧或者圆周运动。

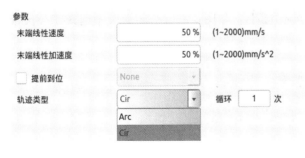

图6.5　圆周运动

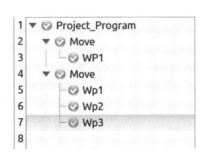

图6.6　圆弧/圆周运动示例

（2）直线轨迹的圆弧平滑过渡运动。

直线轨迹的圆弧平滑过渡（MoveP）运动是指相邻两段直线在交融半径处用圆弧平滑过渡，运行过程中的姿态变化仅受始末点影响。其最大速度和加速度的意义与直线运动的相同。MoveP 运动为多个直线轨迹间的圆弧平滑过渡运动，其在交融半径处的运行特点为连续运动且不会在该路点停止。如图 6.7 所示，轨迹类型选择"MoveP"，交融半径值越小，路径的转角越大；反之，交融半径值越大，路径的转角越小。

图6.7　MoveP运动

设置 1、2、3 三个路点，第一个"Move"为轴动运动，第二个"Move"为 MoveP 运动，程序如图 6.8（a）所示。运行程序后，运行轨迹为 1→2′→3′→3，如图 6.8（b）所示。

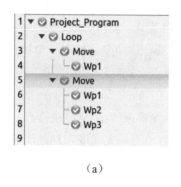　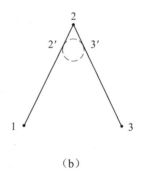

（a）　　　　　　　　　　　　　　　　（b）

图6.8　MoveP运动示例

（3）B 样条曲线运动。

B 样条曲线（B_Spline）运动是指根据给定的路径点拟合出一条路径曲线。生成拟合曲线所使用的路点越多，拟合出的曲线离预期越接近。B 样条曲线为一条平滑经过所有给定路点的曲线，应注意曲线的始末点不能闭合。如图 6.9 所示，轨迹类型选择"B_Spline"。

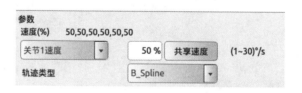

图6.9　B_Spline运动

设置 1，2，3，4 四个路点，程序如图 6.10（a）所示。运行程序后，B 样条曲线轨迹如图 6.10（b）所示。

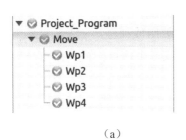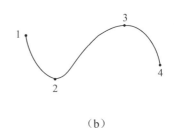

（a）　　　　　　　　　　　　　　（b）

图6.10　B_Spline运动示例

4. 奇异点

在直线运动或者轨迹运动中，当机器人的两个或者多个轴的共线对准，将引起不可预测的机器人运动和速度，这种现象称为奇异点现象。一旦发生奇异点现象，便无法随意控制机器人朝着目标的方向前进。这种现象只在直线运动或者轨迹运动（即控制 TCP 运动）时发生。表 6.1 所示是遨博机器人的 3 种奇异点。

表6.1　遨博机器人奇异点示例

序号	图片示例	说　明
1		腕部奇点. 关节5为0°，关节4//关节6
2		肘部奇点: 关节3为0°，大臂管//小臂管
3		肩部奇点: 法兰盘中心点接近关节1轴线

在示教过程中遇到奇异点时，可将示教运动方式改为关节控制，即使用关节坐标系控制；在程序运行中遇到奇异点时，可将运动方式改为关节运动方式。

6.1.2　路点命令

waypoint（路点）是 AUBO i 系列机器人程序的重要组成部分，它表示机器人末端将要到达的位置点。通常机器人末端的运动轨迹由两个或多个路点构成，路点只能添加于 Move 命令后。图 6.11 所示为"路点设置"界面。

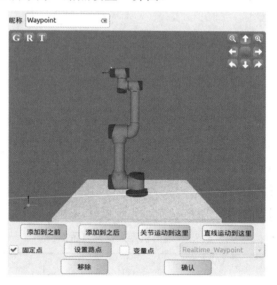

图6.11　"路点设置"界面

1. 设置路点

点击【设置路点】，切换到"机器人示教"界面，移动机器人末端到新路点的位置，然后点击【确认】按钮，回到"在线编程"界面，点击【确认】保存此路点状态配置，弹窗跳出显示"条件已被保存"。

2. 变量点（可变路点）

在"路点设置"界面中选择"变量点"，点击【确认】后，此路点成为变量中设置的路点，当变量中的路点更改后，工程文件中所有的路点均会更改，此功能可以批量更改相同路点的参数，节省编程时间。变量点对应变量配置中的类型为"pose 变量"。

3. 相对偏移（相对路点）

用户可通过相对于选定坐标系的位置或姿态偏移量对机器人手臂或者末端工具坐标进行运动控制，如图 6.12 所示。

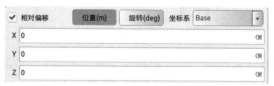

图6.12　相对偏移

6.1.3 提前到位

按照距离目标位置的距离、时间或者交融半径选择"提前到达",可以提高机械臂工作效率。提前到位会依据用户设置的距离或者时间以及交融半径进行运行轨迹的调整,用以提高机械臂工作效率,因此会出现不经过某一个或多个设定路点的情况。提前到位的类型有距离、时间、交融半径,其类型特点和使用范围见表 6.2。

表6.2 提前到位类型

序号	类型	特 点	使用范围
1	距离	勾选后,可根据设置的距离提前到达此位置	支持轴动
2	时间	勾选后,可根据设置的时间提前到达此位置	支持轴动
3	交融半径	勾选后,可根据设置的交融半径参数提前到达此位置	支持轴动、直线运动、圆弧运动、圆周运动、带有姿态的圆弧运动、带有姿态的圆周运动

设置"提前到位"如图 6.13 所示,在设置参数时以两路点的中间值为限,超过后以中间值为准,交融中出现的奇异点或者运动速度太快会导致提前到位设置被取消,运行轨迹会通过交融半径设置所在的区域,在交融半径之外的运行轨迹与未设置"提前到位"的轨迹一致。

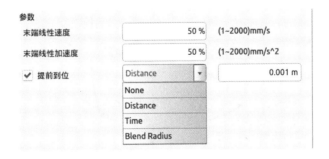

图6.13 提前到位

1. 提前到位距离/时间

插入 3 个关节运动(MoveA,MoveB,MoveC),如图 6.14 所示,分别设置路点 1,2,3。若不设置提前到位,则运行轨迹为 1→2→3;若 MoveB 勾选"提前到位",设置距离或时间后,则运行轨迹为 1→2′→3,如图 6.15 所示。

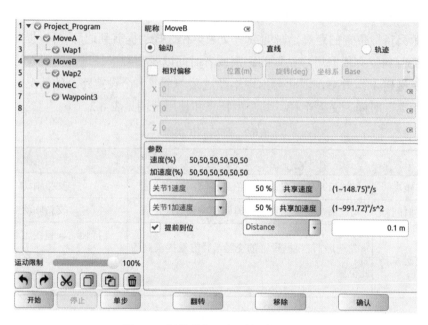

图6.14　提前到位距离/时间编程示例

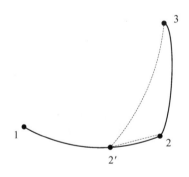

图6.15　提前到位距离/时间运行轨迹

2. 提前到位交融半径

插入 3 个关节运动（MoveA，MoveB，MoveC），如图 6.16 所示，分别设置路点 1，2，3。若不设置提前到位，则运行轨迹为 1→2→3，若 MoveB 勾选"提前到位"，设置交融半径后，则运行轨迹为 1→2′→3′→3，如图 6.17 所示。

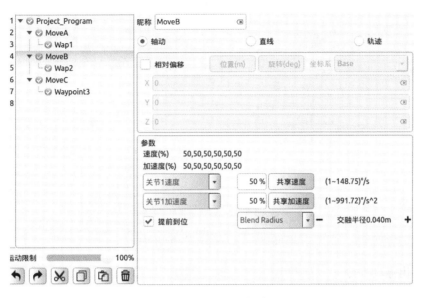

图6.16 提前到位交融半径编程示例

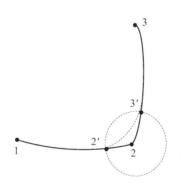

图6.17 提前到位交融半径运行轨迹

6.2 基础条件命令

6.2.1 循环命令

Loop 节点包含的程序会循环运行,直到终止条件成立。Loop 命令可以配置为无限重复、特定次数或表达式为真(例如变量或输入信号)。在"Loop 条件"编辑界面中选择"Loop 条件"选项,设置循环条件表达式,表达式成立时进入循环,表达式不成立时退出循环,点击【清除】清空表达式。"Loop 条件"编辑框如图 6.18 所示。

※ 基础条件命令(1)

图6.18　"Loop条件"编辑界面

6.2.2　跳出循环命令

1. 跳出循环命令

Break 是跳出循环命令，当 Break 条件成立时，可跳出循环。点击"昵称"右侧文本框，可修改命令名称。Break 命令只能用于 Loop 循环中，且 Break 命令前必须有一条 If 命令。当 If 命令中的判断条件成立时，运行 Break 命令，跳出循环；否则弹出错误提示。在"Break 条件"编辑界面中，点击【移除】即可删除此 Break 命令。"Break 条件"编辑界面如图 6.19 所示。

图6.19　"Break条件"编辑界面

2. 结束单次循环命令

Continue 是结束单次循环命令，Continue 条件成立时，结束本次循环。注意其与 Break 命令的区别：Break 命令跳出整个循环，不再进入；Continue 命令跳出单次循环，下个循环周期还会进入循环中。"Continue 条件"编辑界面如图 6.20 所示。

图6.20　"Continue条件"编辑界面

Break 命令跳出循环后不再进入循环体，其程序示例及流程图如图 6.21 所示。而 Continue 命令只是跳出单次循环，然后重新进入循环体，其程序示例及流程图如图 6.22 所示。

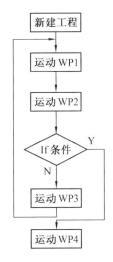

（a）Break命令程序示例　　　　　　（b）Break命令程序流程图

图6.21　Break命令的程序示例及流程图

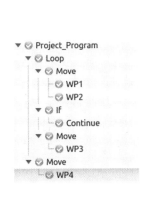

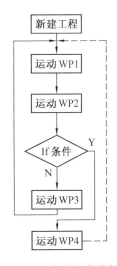

（a）Continue命令程序示例　　　　　（b）Continue命令程序流程图

图6.22　Continue命令的程序示例及流程图

6.2.3　选择判断命令

If…else 是选择判断命令，根据判断条件运行不同的程序分支，其判断条件中表达式的运算遵循 C 语言运算规则。当表达式成立时，执行 If 节点包含的程序体；若表达式不成立，则执行 Else 或 Else if 节点包含的程序体。"If 条件"编辑界面如图 6.23 所示。

图6.23 "If条件"编辑界面

点击【条件】，出现如图 6.24 所示的文本编辑框。

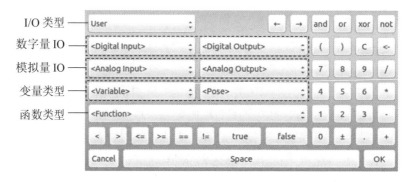

图6.24 If文本编辑框

6.2.4 条件选择命令

Switch⋯Case⋯Default 是条件选择命令，根据判断条件运行不同的 Case 程序分支。此命令可用于根据变量的值控制程序的流程。点击"条件"下空白窗口会弹出输入框，可输入选择判断条件表达式，表达式的运算遵循 Lua 语言运算规则。当运行 Switch 语句时，程序会计算表达式的数值，并与下面的 Case 语句的条件数值依次比较，若相等，则执行该 Case 下面的程序段；若没有满足条件的 Case 数值，则执行 Default 对应的程序段。

注意：判断真伪只能用"true/false"，不能用"1/0"代替。"Switch 条件"编辑界面如图 6.25 所示，其"条件"下的文本编辑框与图 6.24 的一致。

图6.25 "Switch条件"编辑界面

6.2.5　设置命令

Set 是设置命令该命令可以设置 IO 或者变量等参数，"Set 条件"编辑界面如图 6.26 所示，点击"昵称"右侧输入框可修改命令名称，在"工具参数"下拉列表框中可选择设置过的工具中心。

※　基础条件命令（2）

设置命令用于设置某路 DO/AO 的状态，例如 Set U_DO_0 low。

在勾选"变量"后，在其下侧下拉列表框中选择一个变量，右侧空白窗口中输入一个表达式给选中的变量赋值，表达式的运算遵循 C 语言运算规则，例如 Set V_B_a = true。

图6.26　"Set条件"编辑界面

6.2.6　等待命令

Wait 是等待命令，用于等待时间或数字输入信号。如图 6.27 所示，勾选"等待时间"可设置等待的时间，在"Wait 条件"编辑界面中可通过输入表达式来设置等待方式，例如等待数字信号（Wait U_DI_00==1）、等待变量（Wait V_B_a= true）。

图6.27　"Wait条件"编辑界面

6.2.7 行注释命令

Line Comment 是行注释命令，通过行注释对下面的程序行进行解释说明。点击"注释"右侧空白输入框，可输入文字对下面的程序进行行解释说明，如图 6.28 所示。

图6.28 "行注释条件"编辑界面

6.2.8 块注释命令

Block Comment 是块注释命令，通过块注释对下面的程序段进行解释说明。点击注释右侧空白输入框，可输入文字对下面的程序段进行解释说明，如图 6.29 所示。

图6.29 "块注释条件"编辑界面

6.2.9 任务转移命令

Goto 是任务转移命令，可以中断当前任务，并转向其他任务。Goto 命令必须在线程程序中使用，而且为了确保 Goto 命令正常工作，需要至少 0.01 s 的"等待"命令，缺少它可能会导致不可预测的问题并停止机器人。Goto 命令编辑示例如图 6.30 所示。

在图 6.30 所示程序中，机器人从 A 移动到 B，但它在前往 B 的途中接收到信号 F，它停止向 B 方向移动并立即前往 C。Goto 命令编程运行轨迹示例，如图 6.31 所示。

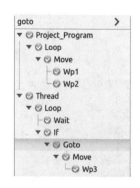

图6.30 Goto命令编程示例

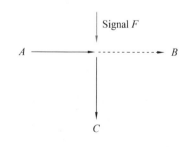

图6.31 Goto命令编程运行轨迹示例

6.2.10 弹窗命令

Message 是弹窗命令。如图 6.32 所示，通过弹出信息窗口，向使用者传达状态信息。利用弹窗命令（Message）可指定一则消息，可以选择消息的类型。点击"Message 类型"下拉菜单，分别对应 Information，Warning，Critical 3 种不同的图标样式的消息类型。程序运行至此命令时在屏幕显示相应消息。

图6.32   "Message条件"编辑界面

6.2.11 空命令

Empty 是空命令，执行空命令，可为粘贴等操作空出程序行空间。

6.3 高级条件命令

6.3.1 多线程控制

Thread 是多线程控制命令。图 6.33 所示为 Thread 命令编程示例，在 Thread 程序段里，必须有一个 Loop 命令，在该 Loop 循环中，可以实现与主程序的并行控制。实际使用中应尽量避免多线程的使用。

※ 高级条件命令

图6.33   Thread命令编程示例

89

6.3.2 脚本命令

Script 是脚本编辑命令。在"Script 条件"编辑界面中，可以选择添加行脚本和脚本文件。如图 6.34 所示，点击"昵称"右侧输入框可修改命令名称。点击"行脚本"可添加行脚本，在下方的输入框中可以输入一行脚本控制指令。点击"脚本文件"可添加脚本文件，可以在文件列表处选择需要加载的脚本文件。

图6.34 "Script条件"编辑界面

6.3.3 离线命令

Offline Record 是离线命令，可以将离线编程软件生成的轨迹文件嵌入到在线编程里，如图 6.35 所示。

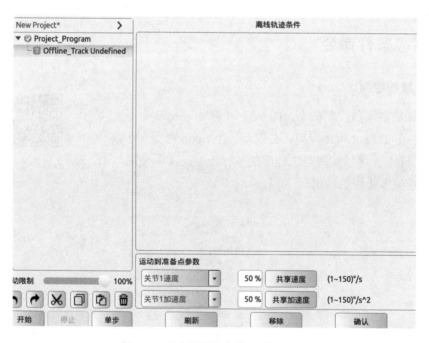

图6.35 "离线轨迹条件"编辑界面

导入的轨迹文件格式每行需包含 6 个关节角度，且单位为弧度，文件后缀需以".offt"结尾。导入文件需复制到文件夹下，方能在 AUBOPE 软件界面显示，复制目录如图 6.36所示。

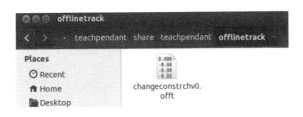

图6.36　离线轨迹文件导入路径

6.3.4　调用过程命令

Procedure 是调用过程命令，可对子工程（过程）进行编辑。在 Procedure 程序段里，可以编辑用于复用的程序段，使其很方便地加载到其他项目程序段中，如图 6.37 所示，在工程文件里调用编辑好的子工程。工程文件和子工程文件中均可以使用调用过程命令。

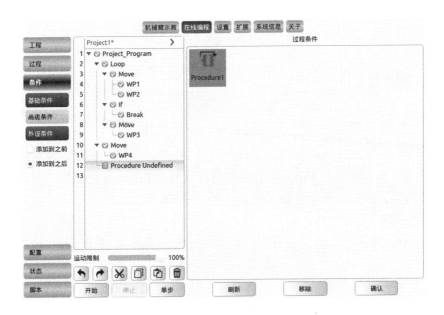

图6.37　调用过程命令程序示例

6.3.5　调用轨迹命令

Record Track 是调用轨迹命令。新建或打开一个工程文件，在工具栏中选中"高级条件"，在工程逻辑窗口点击 Track_Record Undefined 在其右侧的属性窗口中选择轨迹图标，点击【确认】按钮，可将轨迹记录加载到工程逻辑中，如图 6.38 所示。

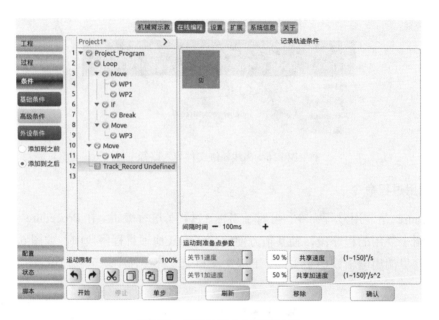

图6.38　调用轨迹命令程序示例

6.4　指令配置

6.4.1　变量配置

※　指令配置

变量配置目前仅支持 bool、int、double、pose 类型的变量。如图 6.39 所示，表格中显示所有当前已配置的变量列表，包括变量名称、变量类型、全局保持、变量值。选中表格中某个变量，该变量信息会显示在下方的"变量类型"下拉列表、"变量名称"输入框和"变量值选择/输入"选项中。

（1）bool：定义一个 bool 型变量，其变量值为 true/false，点击变量"值"后为变量赋值。

（2）int：定义一个整型变量，其变量值为整数，选择 int 类型，输入赋值。

（3）double：定义一个双精度型变量，其变量值为双精度浮点数，选择 double 类型，输入赋值。

（4）pose：定义一个位置型变量，其变量值为机器人路点信息，选择 pose 类型，路点设置后，完成变量赋值。

（5）全局保持：勾选"全局保持"，表示将变量值固化到数据库中；如未勾选"全局保持"，当程序重新运行时，变量值仍为添加变量时的初始值。

（6）添加变量：选择一个变量类型，输入变量名称和变量值，点击【添加】。

注意：变量名称必须唯一，只能包含数字、字母和下划线。

（7）修改变量：在表格中选中一个变量，点击【修改】来更改变量名称和变量值。

注意：变量类型不能修改，修改完变量名称，需重新加载工程后才可以运行工程。

（8）删除变量：在表格中选中一个变量，点击【删除】，该变量被删除。删除变量后，需重新加载工程后才可以运行工程。

图6.39 变量配置

6.4.2 记录轨迹

记录轨迹可以实现在一段时间内对机械臂运动轨迹的记录，并应用到在线编程环境中。点击【在线编程】→【配置】→【记录轨迹】，进入"记录轨迹"编辑界面，如图 6.40 所示。

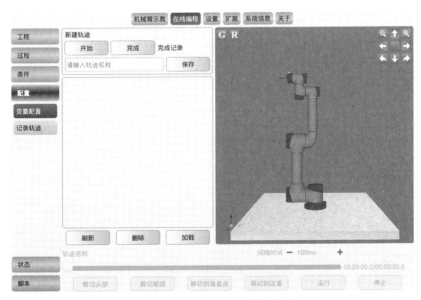

图6.40 "记录轨迹"编辑界面

（1）新建轨迹：点击【开始】按钮后记录机械臂运动轨迹，点击【完成】按钮结束记录，在输入框中输入轨迹名称，点击【保存】后，完成轨迹记录。

（2）轨迹回放：选中轨迹图标，点击界面中的【加载】，长按【移动到准备点】按钮，将机械臂移动至轨迹记录的初始位置，然后点击【运行】后，即可进行轨迹回放。

（3）轨迹暂停：点击【停止】，会将回放中的机械臂暂停。

（4）轨迹暂停后恢复：长按【移动到这里】将机械臂同步到当前进度位姿后，点击【运行】，即可恢复轨迹回放。

（5）间隔时间：轨迹记录时间单位为每个路点 100 ms，间隔时间的含义是用多少时间播放这 100 ms，例如将间隔时间设置为 50 ms，则以 2 倍的速度播放轨迹；若设置为 200 ms，则以 0.5 倍的速度慢放。

第二部分　项目应用

第 7 章　基于点位偏移的在线编程项目

7.1　项目目的

7.1.1　项目背景

※　程序创建项目

工业机器人是面向工业领域的多关节机械手或多自由度的机器装置，是一种自动的、位置可控的、具有编程能力的多功能机械手，借助可编程序操作代替人来完成材料或零件的搬运、焊接、装配等动作。图 7.1 所示为协作机器人在 3C 产线的应用。

机器人协作人来完成一系列动作是依赖于机器人的编程操作，而编程操作主要包括机器人程序的创建及指令的应用等，图 7.2 所示为基础模块中的图形轨迹运动的编程应用。

图 7.1　3C 产线的应用

图 7.2　轨迹运动应用

7.1.2 项目需求

在本项目中，以机器人在空间中进行四边形图案轨迹运动为例来介绍遨博机器人在线编程的操作方法，如图7.3所示。

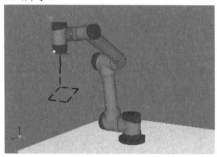

图7.3 项目需求效果

7.1.3 项目目的

通过前面基础理论的学习，我们对于遨博机器人已经有了初步的认识。本项目的学习目的为：

（1）了解程序创建等操作界面。

（2）熟悉机器人基本运动操作。

（3）熟悉机器人程序创建基础操作。

7.2 项目分析

7.2.1 项目构架

在线编程包括工程管理和过程管理。工程管理中，程序是以工程的形式保存的，编写一个程序，必须新建一个工程。程序则涉及条件、状态、配置、脚本等编程命令。在线编程中创建一个工程及编写、调试等操作均由以下选项组成，如图7.4所示。过程管理即为子工程管理，新建、加载及保存方法同过程管理的相同。

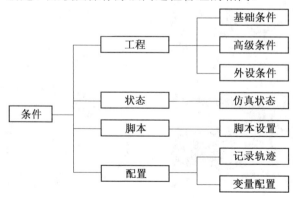

图7.4 项目构架

7.2.2　项目流程

编写一个新的程序，必须新建一个工程，程序是以工程的形式保存的。完整的项目程序包括项目分析、工程创建、程序创建、程序调试以及程序运行。图 7.5 所示为项目创建流程图。

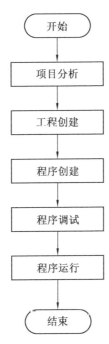

图 7.5　项目创建流程图

7.3　项目要点

从对项目构架和流程的分析来看，本项目的知识要点包括工程创建、程序调试、程序运行、过程创建。

7.3.1　工程创建

1. 新建工程

在为机器人编程时，点击进入如图 7.6 所示的"新建工程"编辑界面，点击【新建】可创建一个新的工程，程序列表处会出现一个根节点（New Project），此后的命令都在此根节点下，且选项卡自动切换到"基础条件"窗口。点击"Project_Program"，会出现"工程根条件"，此处可修改此名称。

新建工程时，如果当前工程未保存，会出现弹窗提示。用户可根据实际需要选择相应按键。

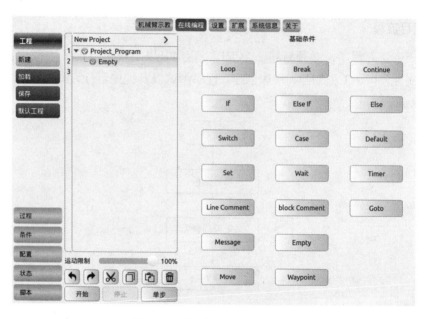

图 7.6 "新建工程"编辑界面

2. 保存工程

"保存工程"编辑界面如图 7.7 所示，点击最左侧的【保存】按键，输入名称，点击右侧的【保存】按键，保存工程。工程文件以"xml"格式保存。保存后的文件可以在加载处显示，并且可参阅"工程文件及日志导出小结"进行文件导出。

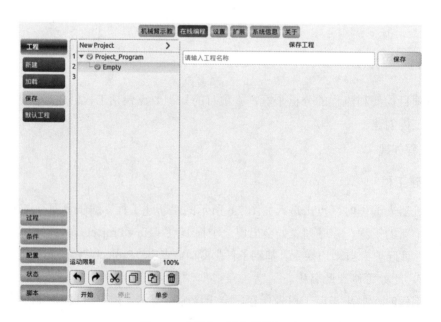

图 7.7 "保存工程"编辑界面

3. 默认工程

点击【默认工程】，在默认工程文件列表处选择需要操作的工程，根据需求勾选不同选项。如图 7.8 所示，若勾选"自动加载默认工程"，则打开编程环境后自动载入默认工程；若勾选"自动加载并运行默认工程"，则打开编程环境后自动载入并运行默认工程。

图 7.8　"默认工程"编辑界面

4. 加载工程

点击【加载】，找到目标程序并点击加载这个程序。加载工程打开后，程序列表中会载入打开的程序，如图 7.9 所示。

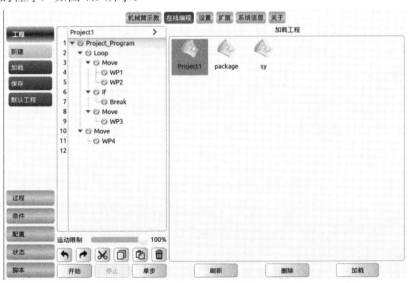

图 7.9　"加载工程"编辑界面

7.3.2 程序调试

程序编辑完成并且所有命令的状态均为绿色时就可以进行程序调试，调试时的界面如图 7.10 所示。

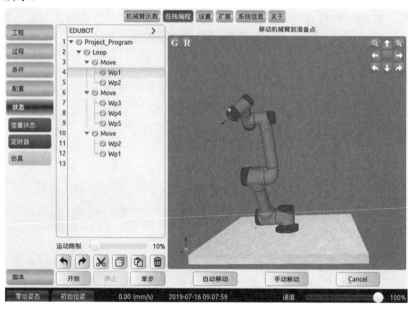

图 7.10 "调试"界面

在"调试"界面底部有【开始】、【停止】、【单步】、【自动移动】、【手动移动】、【Cancel】按钮，使用这些按钮可以启动、停止、单步调试和退出程序调试。

在"机械臂示教"界面的"仿真"和"真实机械臂"选项可切换程序运行方式，选择以仿真形式运行或者在真实机器人上运行。以仿真形式运行时，机器人手臂不会运动，因此不会因碰撞而受损或损坏附近任何设备，操作者可以在示教器界面观察机器人运动情况。如果不确定机器人手臂将要执行的动作，可使用仿真形式测试程序。

7.3.3 程序运行

程序调试完成后就可以让程序自动运行。只需要将仿真模式切换到真实模式，使用尽可能少的几个按钮和选项即可完成程序自动运行操作。"程序运行"界面如图 7.11 所示。

7.3.4 过程创建

过程即子工程，是能够被用到很多程序文件中，用于处理一项或多项任务的独立文件，其也可以被调用到其他程序中而多次使用。子工程可以是控制工程也可以是被控工程。子工程的程序列表显示的为"New Procedure"，如图 7.12 所示。新建、加载及保存工程的方法同工程管理的一致。

注意：Procedure 过程程序段中不能插入 Thread 程序段，调用的子工程文件变更后，一定要在工程文件内重新刷新后再调用。

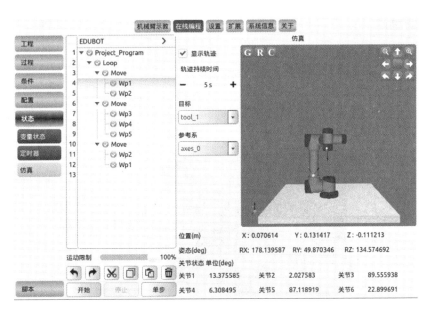

图 7.11 "程序运行"界面

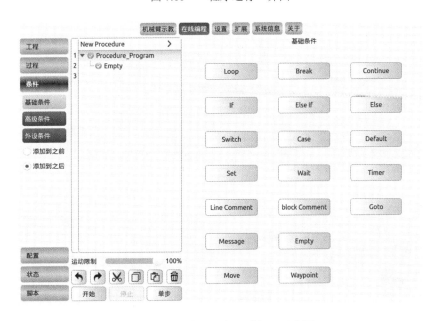

图 7.12 新建子工程（过程）示意图

7.4 项目步骤

在线编程时，机器人新程序可以通过套用模板或参照现有（已保存）机器人程序来创建。模板提供整个程序结构，只需填写程序的细节内容即可。程序新建、编辑等操作方法如下。

7.4.1 程序创建

程序创建操作步骤，见表 7.1。

表 7.1　程序创建操作步骤

序号	图片示例	操作步骤
1	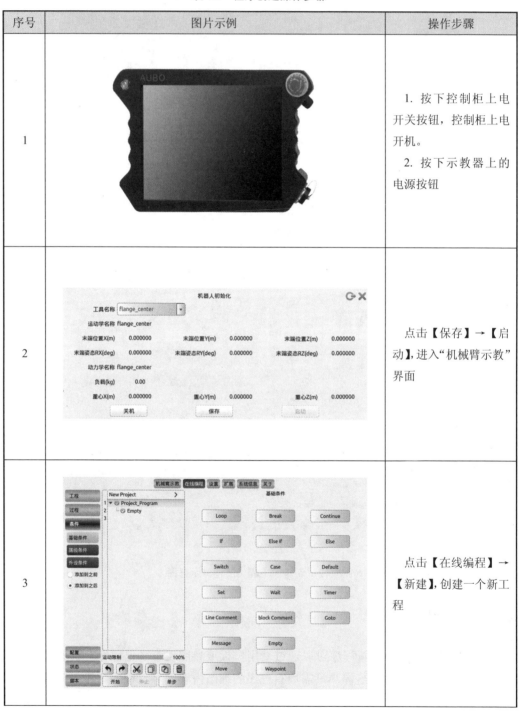	1. 按下控制柜上电开关按钮，控制柜上电开机。 2. 按下示教器上的电源按钮
2		点击【保存】→【启动】，进入"机械臂示教"界面
3		点击【在线编程】→【新建】，创建一个新工程

续表 7.1

序号	图片示例	操作步骤
4	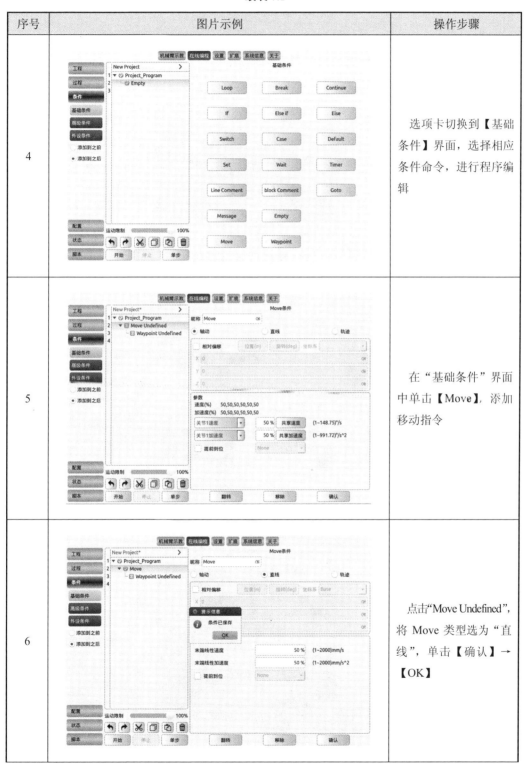	选项卡切换到【基础条件】界面，选择相应条件命令，进行程序编辑
5		在"基础条件"界面中单击【Move】，添加移动指令
6		点击"Move Undefined"，将 Move 类型选为"直线"，单击【确认】→【OK】

103

续表 7.1

序号	图片示例	操作步骤
7	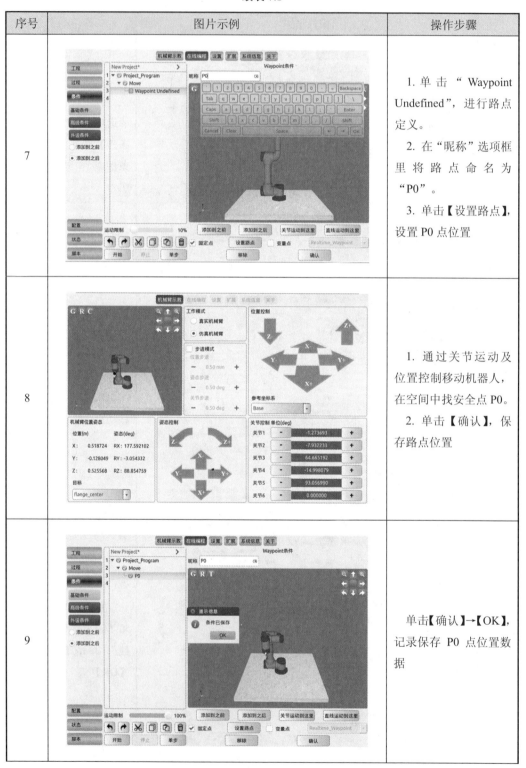	1. 单击"Waypoint Undefined"，进行路点定义。 2. 在"昵称"选项框里将路点命名为"P0"。 3. 单击【设置路点】，设置 P0 点位置
8		1. 通过关节运动及位置控制移动机器人，在空间中找安全点 P0。 2. 单击【确认】，保存路点位置
9		单击【确认】→【OK】，记录保存 P0 点位置数据

续表 7.1

序号	图片示例	操作步骤
10	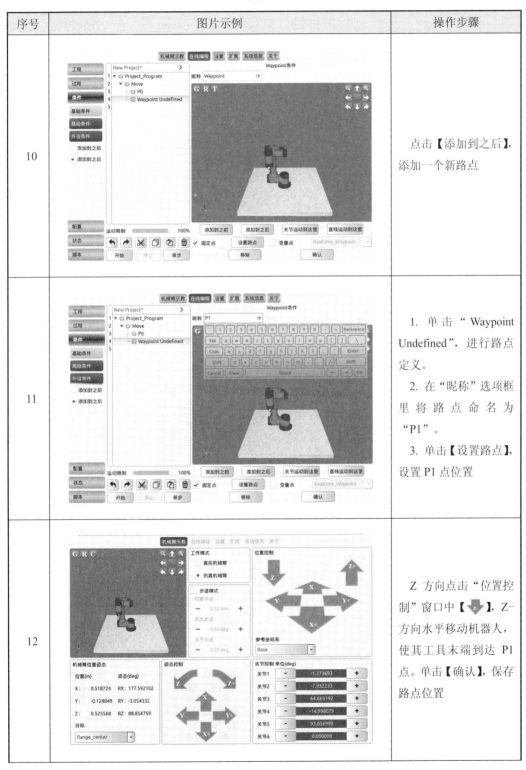	点击【添加到之后】，添加一个新路点
11		1. 单击 "Waypoint Undefined"，进行路点定义。 2. 在"昵称"选项框里将路点命名为"P1"。 3. 单击【设置路点】，设置 P1 点位置
12		Z 方向点击"位置控制"窗口中【↓】，Z-方向水平移动机器人，使其工具末端到达 P1 点。单击【确认】，保存路点位置

续表 7.1

序号	图片示例	操作步骤
13	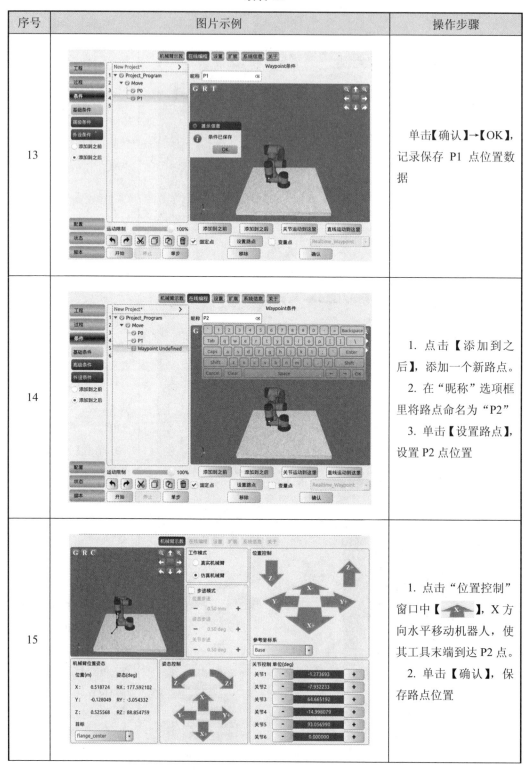	单击【确认】→【OK】，记录保存 P1 点位置数据
14		1. 点击【添加到之后】，添加一个新路点。 2. 在"昵称"选项框里将路点命名为"P2" 3. 单击【设置路点】，设置 P2 点位置
15		1. 点击"位置控制"窗口中【　】，X 方向水平移动机器人，使其工具末端到达 P2 点。 2. 单击【确认】，保存路点位置

续表 7.1

序号	图片示例	操作步骤
16	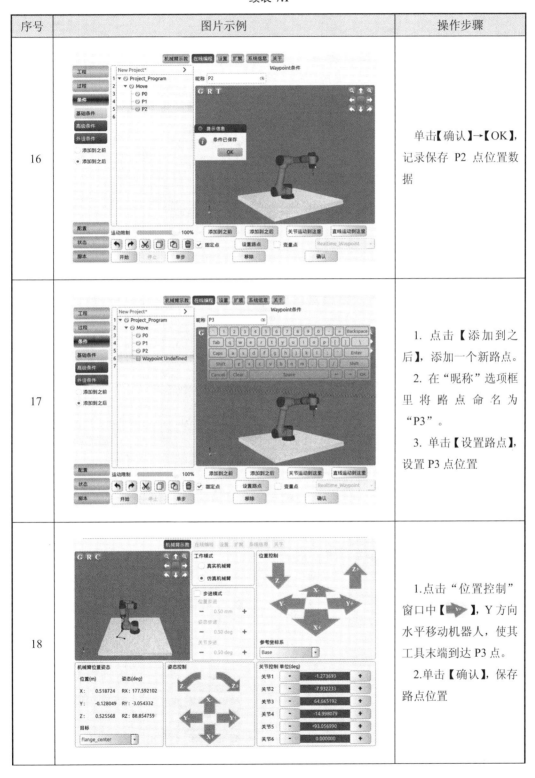	单击【确认】→【OK】，记录保存 P2 点位置数据
17		1. 点击【添加到之后】，添加一个新路点。 2. 在"昵称"选项框里将路点命名为"P3"。 3. 单击【设置路点】，设置 P3 点位置
18		1.点击"位置控制"窗口中【Y+】，Y 方向水平移动机器人，使其工具末端到达 P3 点。 2.单击【确认】，保存路点位置

续表 7.1

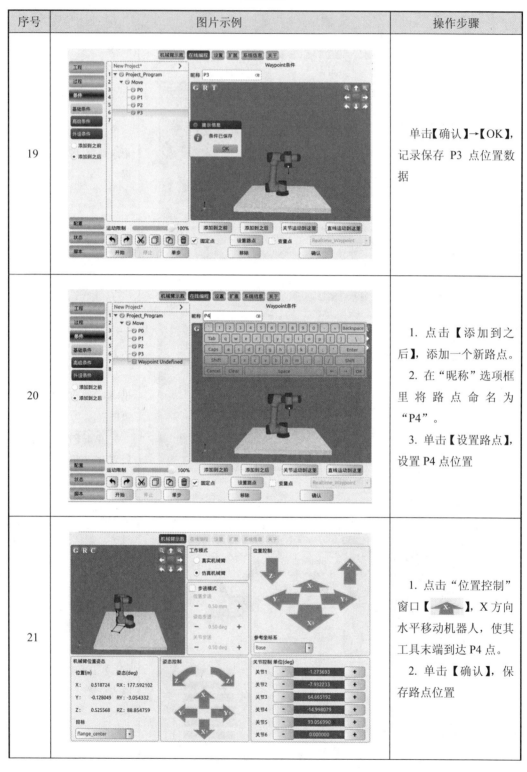

序号	图片示例	操作步骤
19		单击【确认】→【OK】，记录保存 P3 点位置数据
20		1. 点击【添加到之后】，添加一个新路点。 2. 在"昵称"选项框里将路点命名为"P4"。 3. 单击【设置路点】，设置 P4 点位置
21		1. 点击"位置控制"窗口【　　】，X 方向水平移动机器人，使其工具末端到达 P4 点。 2. 单击【确认】，保存路点位置

续表 7.1

序号	图片示例	操作步骤
22	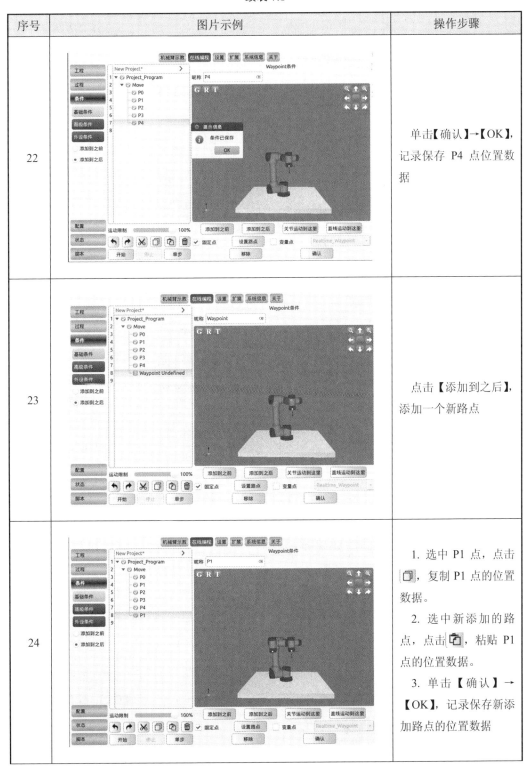	单击【确认】→【OK】，记录保存 P4 点位置数据
23		点击【添加到之后】，添加一个新路点
24		1. 选中 P1 点，点击[图标]，复制 P1 点的位置数据。 2. 选中新添加的路点，点击[图标]，粘贴 P1 点的位置数据。 3. 单击【确认】→【OK】，记录保存新添加路点的位置数据

续表 7.1

序号	图片示例	操作步骤
25	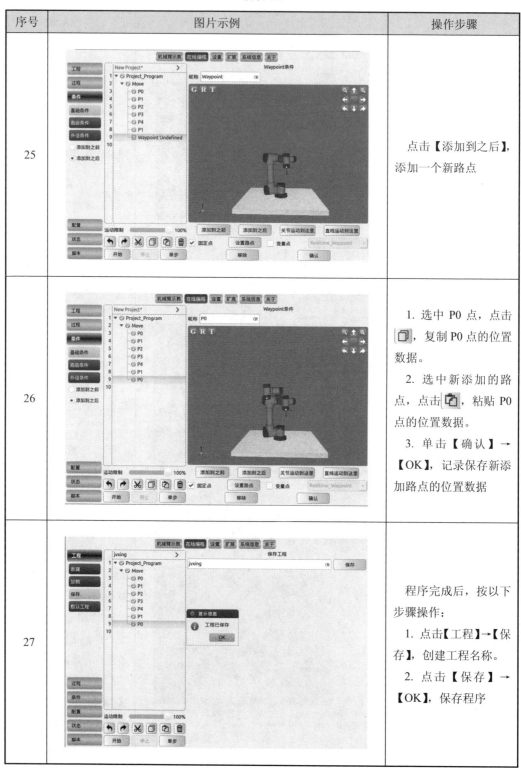	点击【添加到之后】，添加一个新路点
26		1. 选中 P0 点，点击，复制 P0 点的位置数据。 2. 选中新添加的路点，点击，粘贴 P0 点的位置数据。 3. 单击【确认】→【OK】，记录保存新添加路点的位置数据
27		程序完成后，按以下步骤操作： 1. 点击【工程】→【保存】，创建工程名称。 2. 点击【保存】→【OK】，保存程序

7.4.2　程序调试

程序编写完成后，就可对程序进行调试，调试步骤见表 7.2。

表 7.2　程序调试操作步骤

序号	图片示例	操作步骤
1	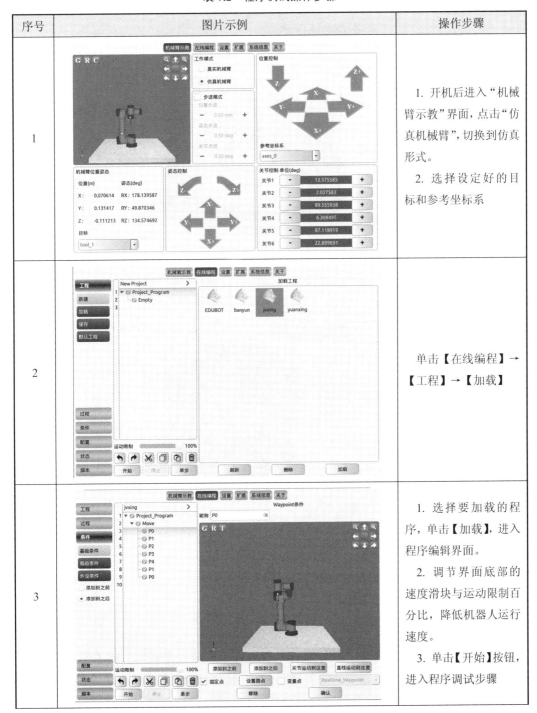	1. 开机后进入"机械臂示教"界面，点击"仿真机械臂"，切换到仿真形式。 2. 选择设定好的目标和参考坐标系
2		单击【在线编程】→【工程】→【加载】
3		1. 选择要加载的程序，单击【加载】，进入程序编辑界面。 2. 调节界面底部的速度滑块与运动限制百分比，降低机器人运行速度。 3. 单击【开始】按钮，进入程序调试步骤

续表 7.2

序号	图片示例	操作步骤
4	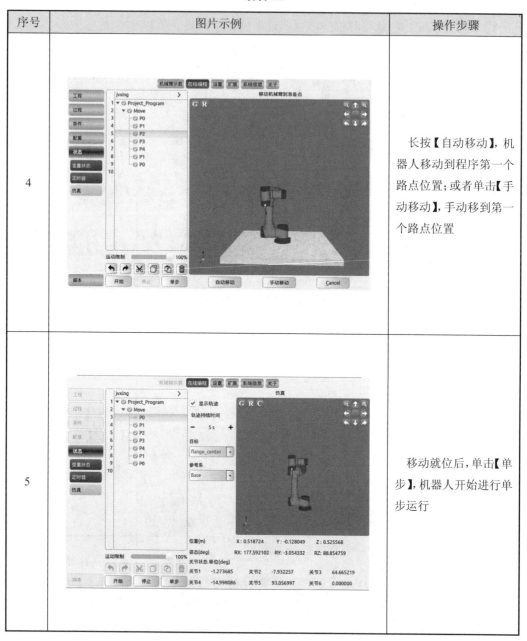	长按【自动移动】，机器人移动到程序第一个路点位置；或者单击【手动移动】，手动移到第一个路点位置
5		移动就位后，单击【单步】，机器人开始进行单步运行

7.4.3　程序运行

单步运行过程中观察机器人运动情况，如有需要，单击【暂停】或【停止】按钮，机器人则停止运动，可进行相关的故障排除。单步运行结束后，确认程序无误，点击【开始】，进行机器人连续运行，如图 7.13 所示。

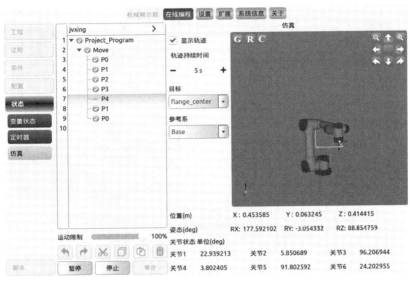

图 7.13　"程序运行"界面

7.5　项目验证

7.5.1　效果验证

本项目学习了如何创建一个程序以及对所编程序进行调试运行，按照以上程序创建过程，程序创建效果如图 7.14 所示，此时表明已成功创建程序。

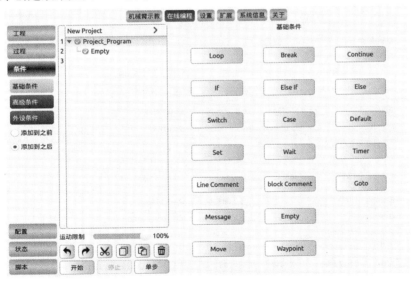

图 7.14　程序创建效果

程序编辑完成并且所有命令的状态都为绿色时就可以进行程序调试，从图 7.15 可以看出，调试结果为一个四边形图案的轨迹，符合我们的项目要求。

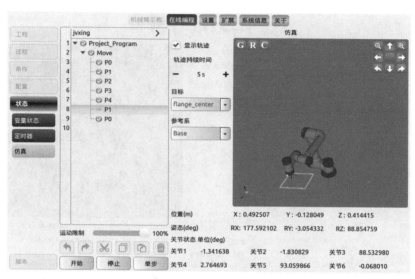

图 7.15　程序调试效果

7.5.2　数据验证

在对程序进行单步调试时，界面中会出现每一路点的位姿数据，由于操作者所编写程序不同，记录的点位不同，所以路点的位姿数据是不相同的。在本项目中涉及的点位数据见表 7.3。

表 7.3　查看点位数据

序号	图片示例	示例说明
1	位置(m)　　　　X：0.478994　　Y：-0.207320　　Z：0.492196 姿态(deg)　　RX：-179.689499　RY：2.232028　RZ：101.122192 关节状态 单位(deg) 关节1　-9.535601　　关节2　-5.074962　　关节3　72.588491 关节4　-11.839530　关节5　87.802007　关节6　-20.661237	第一个点位 P1 位姿数据
2	位置(m)　　　　X：0.478994　　Y：0.089816　　Z：0.492196 姿态(deg)　　RX：-179.689499　RY：2.232028　RZ：101.122192 关节状态 单位(deg) 关节1　25.472613　关节2　-0.398241　　关节3　77.135976 关节4　-13.320255　关节5　87.914746　关节6　14.372062	第二个点位 P2 位姿数据
3	位置(m)　　　　X：0.478994　　Y：0.089964　　Z：0.328502 姿态(deg)　　RX：-179.689423　RY：2.231939　RZ：101.122200 关节状态 单位(deg) 关节1　25.488772　关节2　-0.445192　　关节3　102.233923 关节4　11.823995　关节5　87.914985　关节6　14.388231	第三个点位 P3 位姿数据
4	位置(m)　　　　X：0.478994　　Y：0.159578　　Z：0.370999 姿态(deg)　　RX：-179.689423　RY：2.231939　RZ：101.122200 关节状态 单位(deg) 关节1　32.727063　关节2　-2.055407　　关节3　93.947872 关节4　4.892219　关节5　88.039376　关节6　21.629959	第四个点位 P4 位姿数据

通过这些数据，可以看出各路点之间的位置变化和每个关节之间的运动。

7.6　项目总结

7.6.1　项目评价

本项目主要通过路点之间的点动为例来讲解机器人编程的基础知识。通过本项目训练可以达到以下目的：

（1）学会在项目开始前对所要编程的项目进行前期分析，并创建一个新工程。

（2）通过学习创建程序所需的编程规划，扎实掌握机器人编程的基础认知，为后续项目的实施打下良好的基础。

（3）更加熟练机器人程序创建的基础操作。

7.6.2　项目拓展

通过本项目的学习，可以对项目进行以下的拓展：

（1）拓展项目一：分别以两种不同的姿态在同一平面上做三边形的轨迹运动，编写程序并调试运行，观察比较两种姿态的位姿数据。图 7.16 所示为两种不同运动姿态。

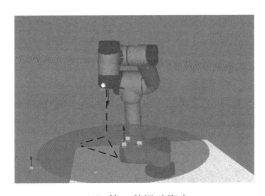

（a）第一种运动姿态

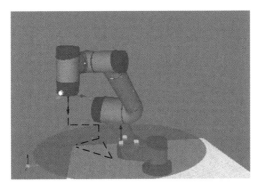

（b）第二种运动姿态

图 7.16　两种不同运动姿态

（2）拓展项目二：在子工程中可以编辑用于复用的程序段，使很方便地加载到其他的项目程序段中。创建一个子工程文件，编写四边形轨迹应用程序。在工程文件中调用子工程文件，并进行调试运行。子工程的调用过程如图 7.17 所示。

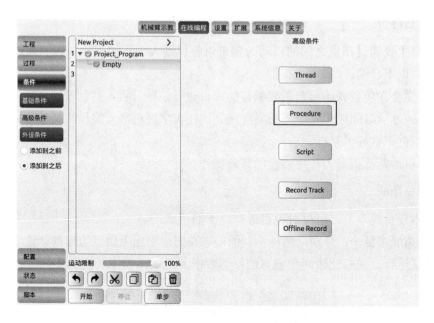

（a）调用命令

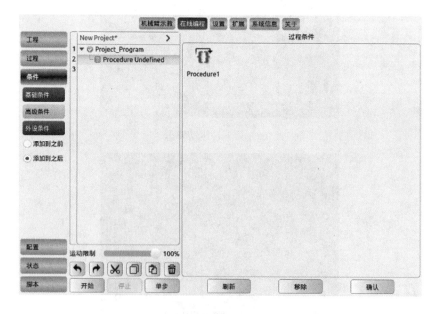

（b）加载子工程

图 7.17　调用子工程

第8章 基于手动示教的直线运动项目

8.1 项目目的

8.1.1 项目背景

随着工业生产的发展，机器人激光焊接成为国际上面向21世纪的先进制造技术，生产制造企业对于该领域智能化机器人的要求也越来越高。因此，协作机器人在工艺激光焊接领域中的应用占有一定的比重。如图 8.1 所示为协作机器人在焊接领域的应用。

※ 直线运动项目

激光焊接过程对路径的要求十分高。因此，本项目基于手动示教并结合基础实训模块，进行直线轨迹示教。图 8.2 所示为模拟工业化直线运动。

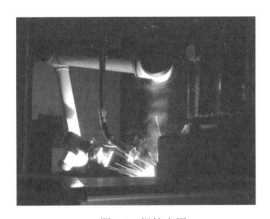

图 8.1 焊接应用

图 8.2 模拟工业化直线运动

8.1.2 项目需求

本项目为基于手动示教的直线运动项目，通过手动示教并结合基础实训模块，以尖锥夹具代替工业工具，以模块中的三角形为例，模拟工业化应用中的直线轨迹示教过程，项目需求效果如图 8.3 所示。

图 8.3 项目需求效果

8.1.3 项目目的

在本项目的学习训练中需实现以下目的：

（1）掌握工具坐标系、用户坐标系标定方法。

（2）学会运用机器人直线运动指令。

（3）熟练掌握机器人手动示教操作。

（4）熟练掌握机器人程序编程操作。

8.2 项目分析

8.2.1 项目构架

本项目为基于机器人手动示教的直线运动项目，需要操作者用示教器进行手动示教。本项目的整体构架如图 8.4 所示，控制系统从示教器中检出相应信息，将指令信号反馈给控制柜，使执行机构按要求的动作顺序进行轨迹运动。

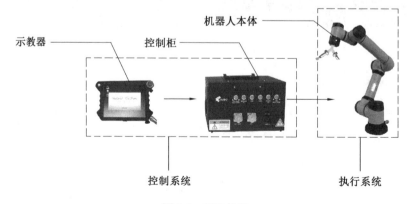

图 8.4 项目构架

8.2.2　项目流程

在基于机器人手动示教的直线运动项目实施过程中，需要包含以下环节：

（1）对项目进行分析，可知此项目使用直线运动指令进行三角形轨迹运动。

（2）对机器人进行系统搭建。

（3）对所用到的工具及模块进行标定，这里使用尖锥夹具及基础实训模块进行轨迹示教。

（4）创建程序，编写三角形轨迹运动程序，调试检查程序，确认无误后运行程序，观察程序运行结果。

整体的直线运动项目流程如图 8.5 所示。

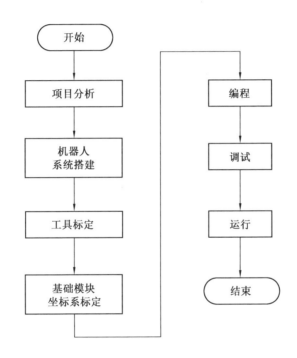

图 8.5　直线运动项目流程

8.3　项目要点

从对项目流程的分析来看，在项目应用中需要经历项目分析、系统搭建、坐标系标定、程序创建编程等过程。所以本项目的知识要点包括路径规划、坐标系标定、指令介绍。

8.3.1　路径规划

HRG-HD1XKB 型工业机器人技能考核实训台包含一系列实训模块用于实操训练，在项目编程前需要安装基础实训模块和所需工具，如图 8.6 所示。

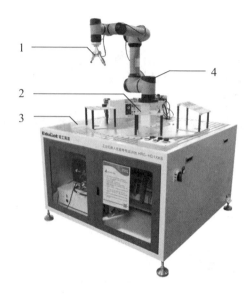

图 8.6　基础实训设备

本项目所涉及到的实训工具及说明见表 8.1。

表8.1　实训工具说明

序号	名　称	说　明
1	Y 型夹具	模拟工业工具进行图形轨迹运动
2	基础模块	标定工具坐标系;用夹具沿模块上各特征形状进行图形轨迹运动
3	工业机器人技能考核实训台	提供基础实训操作平台
4	机器人本体	机器人执行机构

以模块中的三角形为例，演示机器人的直线运动。路径规划：初始点 P0→过渡点 P1→第一点 P2→第二点 P3→第三点 P4→第一点 P2→过渡点 P1，如图 8.7 所示。

图 8.7　直线运动路径规划

8.3.2　坐标系标定

1. 工具坐标系标定

本项目以尖锥夹具进行三角形轨迹示教，在此需要对尖锥夹具进行工具坐标系标定。以基础实训模块上的尖锥为固定点，手动操纵机器人，以 4 种不同的工具姿态，使机器人工具上的尖锥参考点尽可能与固定点刚好接触。标定过后的工具坐标系如图 8.8 所示。

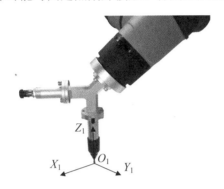

图 8.8　工具坐标系标定

2. 用户坐标系标定

在工具坐标系标定完成后，还应标定用户坐标系。在本项目中，需要标定基础实训模块的坐标系，选用 xOxy 类型，在基础实训模块的原点标定第一个点，在 X 轴上标定第二个点，在 xOy 平面上标定第三个点。标定结果如图 8.9 所示。

图 8.9　用户坐标系标定

8.3.3　指令介绍

机器人本体运动属性有 3 种选择：轴动运动、直线运动和轨迹运动。本项目主要使用直线运动指令。直线运动是指将工具中心点在路点之间进行线性移动，使尖锥夹具始终保持在直线路径上。在"Move 条件"界面中选择"直线"，如图 8.10 所示。

图8.10　"Move 条件"界面

8.4　项目步骤

经过以上对项目的分析，基于手动示教的直线运动项目整体的操作步骤见表 8.2。

表8.2　直线运动操作步骤

序号	图片示例	操作步骤
1	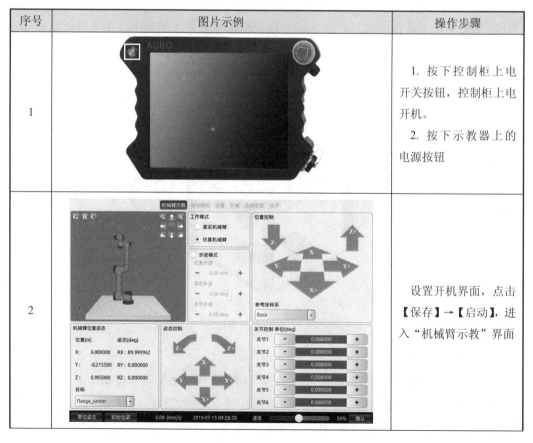	1. 按下控制柜上电开关按钮，控制柜上电开机。 2. 按下示教器上的电源按钮
2		设置开机界面，点击【保存】→【启动】，进入"机械臂示教"界面

续表8.2

序号	图片示例	操作步骤
3		在工具末端创建工具中心点，创建方法详见4.3.2 小节。若工具中心点已经创建完成，则无需再次创建
4		在基础实训模块上进行坐标系标定，标定方法见 4.3.3 小节。若坐标系已经标定完成，则无需再次标定
5		在"参考坐标系"与"目标"中选中需要的坐标系与目标工具

续表8.2

序号	图片示例	操作步骤
6	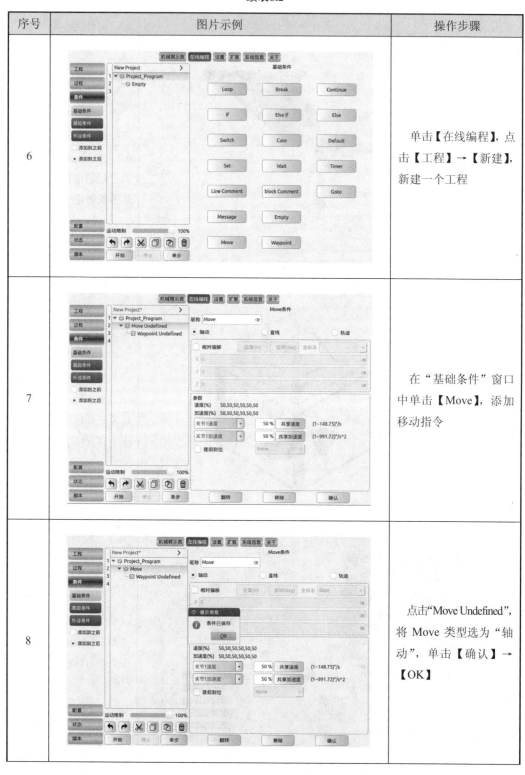	单击【在线编程】，点击【工程】→【新建】，新建一个工程
7		在"基础条件"窗口中单击【Move】，添加移动指令
8		点击"Move Undefined"，将 Move 类型选为"轴动"，单击【确认】→【OK】

124

续表8.2

序号	图片示例	操作步骤
9	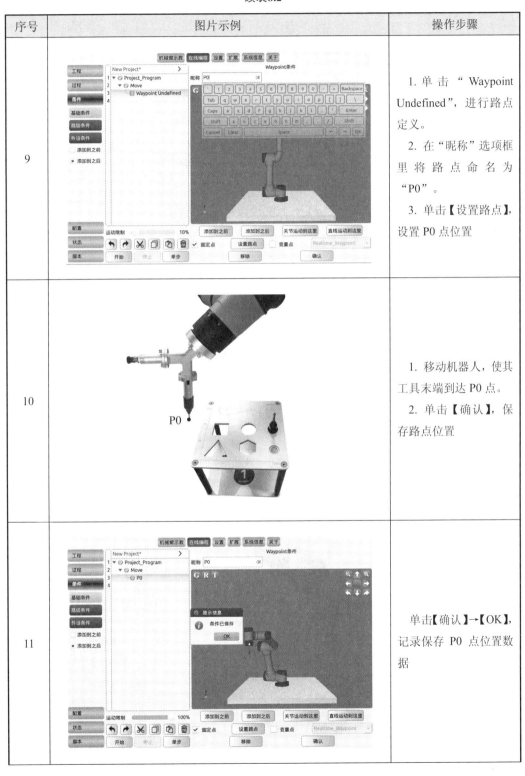	1. 单击 " Waypoint Undefined"，进行路点定义。 2. 在"昵称"选项框里将路点命名为"P0"。 3. 单击【设置路点】，设置 P0 点位置
10	P0	1. 移动机器人，使其工具末端到达 P0 点。 2. 单击【确认】，保存路点位置
11		单击【确认】→【OK】，记录保存 P0 点位置数据

续表8.2

序号	图片示例	操作步骤
12	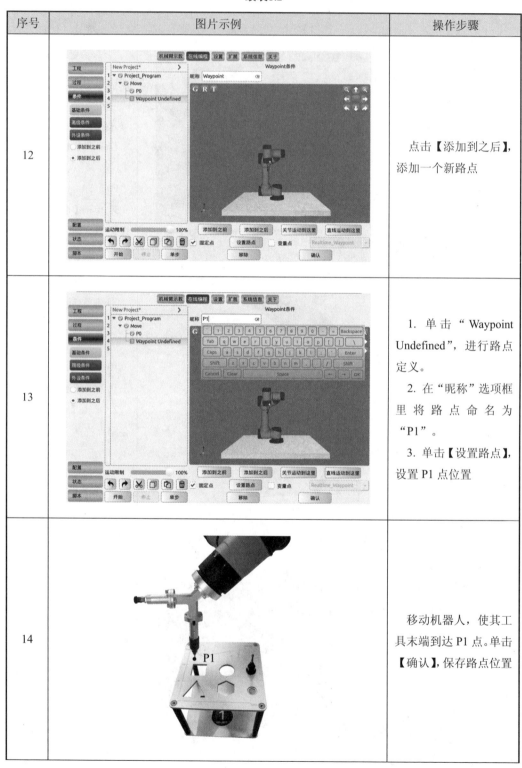	点击【添加到之后】，添加一个新路点
13		1. 单击"Waypoint Undefined"，进行路点定义。 2. 在"昵称"选项框里将路点命名为"P1"。 3. 单击【设置路点】，设置 P1 点位置
14		移动机器人，使其工具末端到达 P1 点。单击【确认】，保存路点位置

续表8.2

序号	图片示例	操作步骤
15	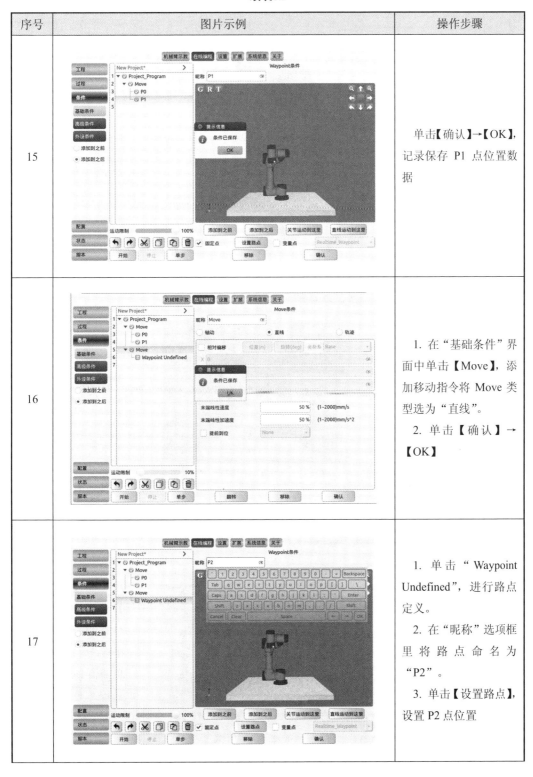	单击【确认】→【OK】，记录保存 P1 点位置数据
16		1. 在"基础条件"界面中单击【Move】，添加移动指令将 Move 类型选为"直线"。 2. 单击【确认】→【OK】
17		1. 单击" Waypoint Undefined"，进行路点定义。 2. 在"昵称"选项框里将路点命名为"P2"。 3. 单击【设置路点】，设置 P2 点位置

续表8.2

序号	图片示例	操作步骤
18	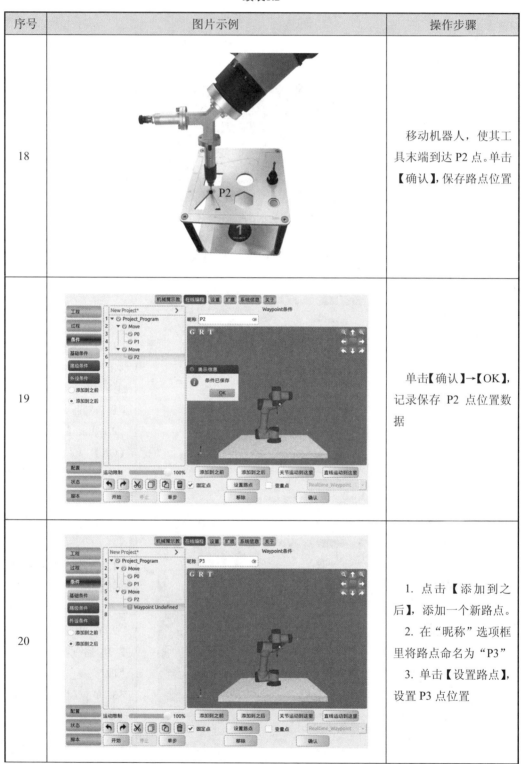	移动机器人，使其工具末端到达 P2 点。单击【确认】，保存路点位置
19		单击【确认】→【OK】，记录保存 P2 点位置数据
20		1. 点击【添加到之后】，添加一个新路点。 2. 在"昵称"选项框里将路点命名为"P3" 3. 单击【设置路点】，设置 P3 点位置

128

续表8.2

序号	图片示例	操作步骤
21	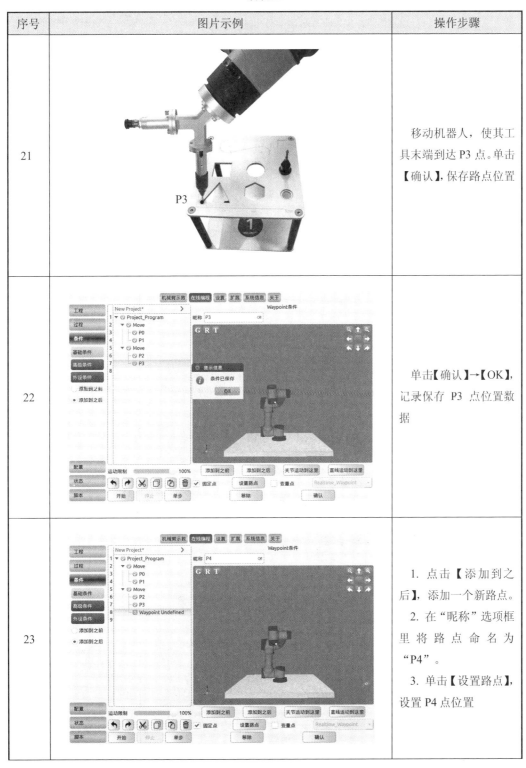	移动机器人，使其工具末端到达 P3 点。单击【确认】，保存路点位置
22		单击【确认】→【OK】，记录保存 P3 点位置数据
23		1. 点击【添加到之后】，添加一个新路点。 2. 在"昵称"选项框里将路点命名为"P4"。 3. 单击【设置路点】，设置 P4 点位置

129

续表8.2

序号	图片示例	操作步骤
24	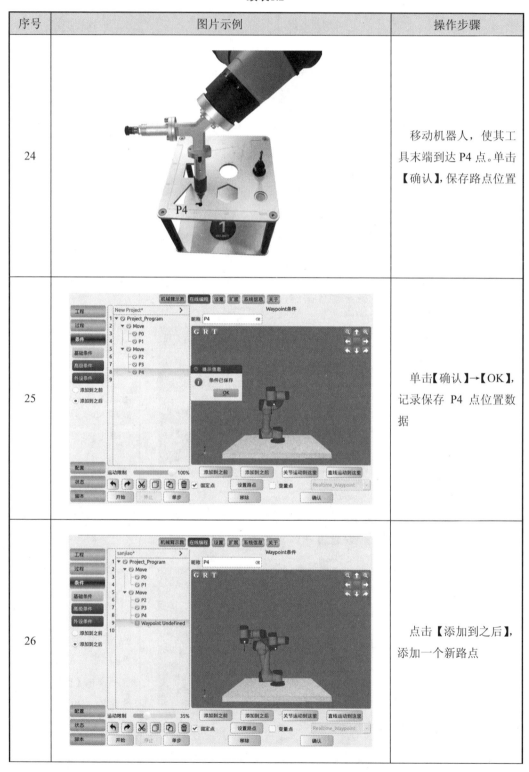	移动机器人，使其工具末端到达 P4 点。单击【确认】，保存路点位置
25		单击【确认】→【OK】，记录保存 P4 点位置数据
26		点击【添加到之后】，添加一个新路点

续表8.2

序号	图片示例	操作步骤
27	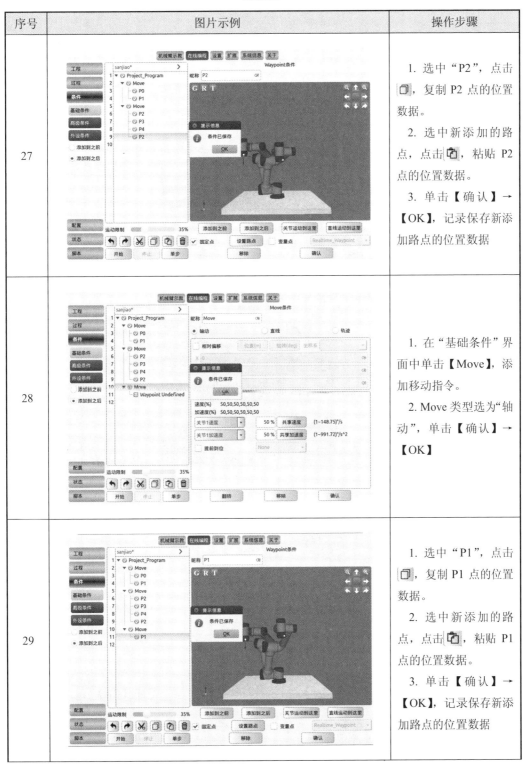	1. 选中"P2",点击 复制 P2 点的位置数据。 2. 选中新添加的路点,点击 ,粘贴 P2 点的位置数据。 3. 单击【确认】→【OK】,记录保存新添加路点的位置数据
28		1. 在"基础条件"界面中单击【Move】,添加移动指令。 2. Move 类型选为"轴动",单击【确认】→【OK】
29		1. 选中"P1",点击 复制 P1 点的位置数据。 2. 选中新添加的路点,点击 ,粘贴 P1 点的位置数据。 3. 单击【确认】→【OK】,记录保存新添加路点的位置数据

131

续表8.2

序号	图片示例	操作步骤
30	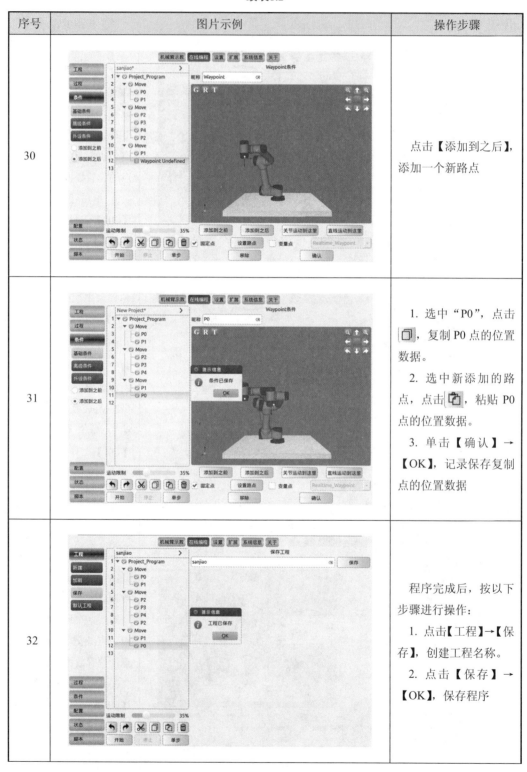	点击【添加到之后】，添加一个新路点
31		1. 选中"P0"，点击 🗗，复制 P0 点的位置数据。 2. 选中新添加的路点，点击 🗗，粘贴 P0 点的位置数据。 3. 单击【确认】→【OK】，记录保存复制点的位置数据
32		程序完成后，按以下步骤进行操作： 1. 点击【工程】→【保存】，创建工程名称。 2. 点击【保存】→【OK】，保存程序

续表8.2

序号	图片示例	操作步骤
33	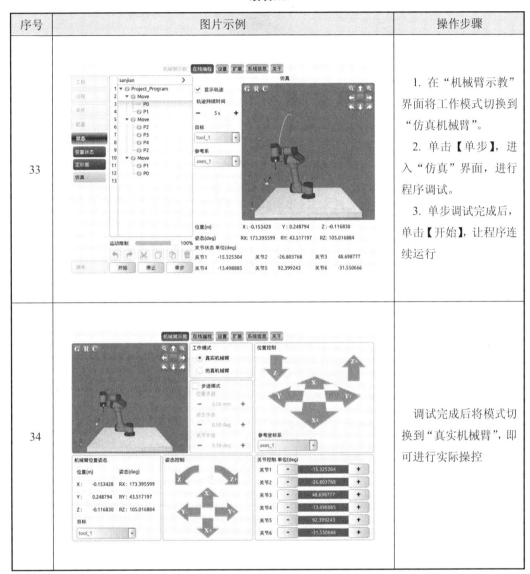	1. 在"机械臂示教"界面将工作模式切换到"仿真机械臂"。 2. 单击【单步】，进入"仿真"界面，进行程序调试。 3. 单步调试完成后，单击【开始】，让程序连续运行
34		调试完成后将模式切换到"真实机械臂"，即可进行实际操控

133

8.5　项目验证

8.5.1　效果验证

项目运行完成后，得到的效果应如图 8.11 所示，尖锥夹具从起始点轴动运动到过渡点后，直线运动到三角形的第一点，然后按照图 8.11 所示的路径进行运动，最后回到起始点。

图 8.11　直线运动效果

8.5.2　数据验证

程序编写完成后，可查看每一点的位姿数据，通过点位信息也可验证程序的可行性，操作步骤见表 8.3。

表8.3　查看点位数据

序号	图片示例	位姿数据
1	位置(m)　　　　X：-0.069818　　Y：0.040864　　Z：0.187272 姿态(deg)　　RX：4.693671　　RY：2.883706　　RZ：164.381439 关节状态 单位(deg) 关节1　-18.833352　　关节2　-11.127184　　关节3　65.685260 关节4　-12.341855　　关节5　87.911146　　关节6　-29.964890	初始点 P0
2	位置(m)　　　　X：0.033164　　Y：0.053122　　Z：0.187272 姿态(deg)　　RX：4.693686　　RY：2.883592　　RZ：164.381424 关节状态 单位(deg) 关节1　-8.050401　　关节2　-2.571664　　关节3　75.261274 关节4　-11.727243　　关节5　87.789794　　关节6　-19.175006	过渡点 P1
3	位置(m)　　　　X：0.033164　　Y：0.053121　　Z：0.000030 姿态(deg)　　RX：4.693573　　RY：2.883577　　RZ：164.381424 关节状态 单位(deg) 关节1　-8.050515　　关节2　-3.595654　　关节3　103.033738 关节4　17.069158　　关节5　87.789794　　关节6　-19.175121	三角形第一个点 P2

续表8.3

序号	图片示例			位姿数据
4	位置(m)　　　　X：0.008036　　　Y：0.010128　　　Z：0.000030 姿态(deg)　　　RX：4.693657　　RY：2.883708　　RZ：164.381424 关节状态 单位(deg) 关节1　-10.063488　　　关节2　-10.529647　　　关节3　95.159063 关节4　16.205882　　　　关节5　87.806644　　　关节6　-21.189526			三角形第二个点 P3
5	位置(m)　　　　X：0.058107　　　Y：0.010129　　　Z：0.000030 姿态(deg)　　　RX：4.693686　　RY：2.883592　　RZ：164.381424 关节状态 单位(deg) 关节1　-4.694816　　　关节2　-8.090336　　　关节3　97.984719 关节4　16.384702　　　关节5　87.767856　　　关节6　-15.816958			三角形第三个点 P4

从表 8.3 可以看出,三角形的 3 个顶点的坐标位置大致与基础模块上三角形的各顶点坐标吻合,进一步验证了本次项目的直线运动轨迹示教符合项目要求。

注:基础模块上三角形的 3 个顶点坐标分别为 (33, 53, 0)、(8, 10, 0)、(58, 10, 0)。单位为 mm。

8.6　项目总结

8.6.1　项目评价

本项目基于基础实训模块,主要介绍了机器人的直线运动指令应用和演示了路点示教过程,通过本项目的学习理解以下 3 项项目意义:

1. 工具、用户坐标系标定的意义是将机器人的控制点从法兰盘中心转移到所装工具末端,更方便用户进行编程操作。

2. 机器人直线运动命令可使工具中心点在路点之间进行线性移动。

3. 结合工具坐标系及用户坐标系,使机器人点动操作更具技巧性。

8.6.2　项目拓展

通过本项目的学习,可以对项目进行以下的拓展:

(1)拓展项目一:利用尖锥夹具完成基础模块上六边形的轨迹示教,如图 8.12 所示。

(2)拓展项目二:设置"提前到位",选择交融半径为 0.04 m,图 8.13 所示为交融半径设置。利用尖锥夹具完成基础模块上六边形的轨迹示教,并将实训效果与拓展项目要求作以比较。

图 8.12　六边形轨迹运动

图 8.13　交融半径设置

第 9 章 基于手动示教的曲线运动项目

9.1 项目目的

9.1.1 项目背景

随着技术的发展，机器人行业日趋自动化和智能化。用机器人来执行危险度与重复性较高的工作，可以解放人力，提升效率及产能，提升加工品质。图 9.1 所示为协作机器人上下料的应用。

※ 曲线运动项目

在工业机器人的使用过程中，其对路径的要求十分高。因此，本项目基于基础实训模块，使用尖锥夹具进行曲线运动的轨迹示教，图 9.2 所示为曲线运动轨迹示教。

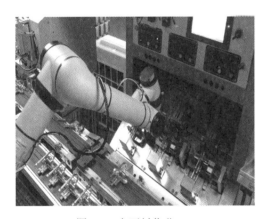

图 9.1 上下料作业

图 9.2 曲线运动轨迹示教

9.1.2 项目需求

本项目为手动示教的曲线运动项目，基于基础实训模块，用尖锥夹具代替工业工具，以模块中的 S 形曲线为例，进行轨迹示教，项目需求实物图如图 9.3 所示。

图 9.3　项目需求实物图

9.1.3　项目目的

在本项目的学习训练中需实现以下目的：

（1）掌握工具坐标系、用户坐标系标定方法。

（2）掌握机器人的轨迹运动指令应用。

（3）熟练掌握机器人程序编程操作。

9.2　项目分析

9.2.1　项目构架

本项目为基于机器人手动示教的曲线运动项目，需要操作者用示教器进行手动示教。本项目的整体构架如图 9.4 所示，控制系统从示教器中检出相应信息，将指令信号反馈给控制柜，使执行机构按要求的动作顺序进行轨迹运动。

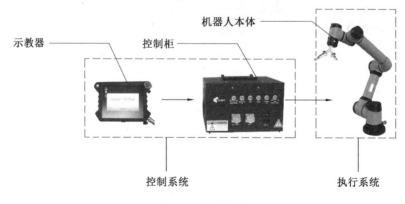

图 9.4　项目构架

9.2.2 项目流程

在项目实施过程中，需要包含以下环节：

（1）对项目进行分析，可知此项目进行 S 形曲线轨迹运动。

（2）对机器人进行系统搭建。

（3）对所用到的工具及模块进行标定，这里使用尖锥夹具及基础实训模块进行轨迹示教。

（4）创建程序，编写 S 形轨迹运动程序，调试检查程序，确认无误后运行程序，观察程序运行结果。

整体的曲线运动项目流程如图 9.5 所示。

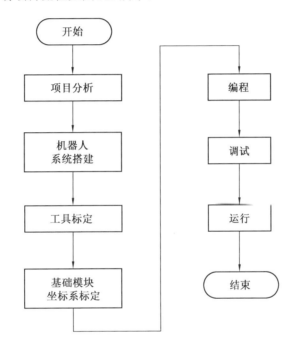

图 9.5 曲线运动项目流程

9.3 项目要点

从对项目流程的分析来看，在项目应用中需要经历项目分析、系统搭建、坐标系标定、程序创建编程等过程。所以本项目的知识要点包括路径规划、坐标系标定、指令介绍。

9.3.1 路径规划

HRG-HD1XKB 型工业机器人技能考核实训台包含一系列实训模块用于实操训练，在项目编程前需要安装基础实训模块和所需工具，如图 9.6 所示。

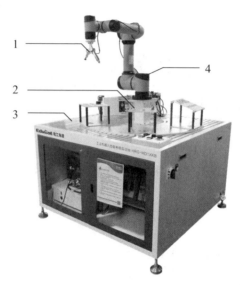

图 9.6　基础实训设备

本项目（图 9.6）所涉及的实训工具及说明见表 9.1。

表9.1　实训工具说明

序号	名　　称	说　　明
1	Y 型夹具	模拟工业工具进行图形轨迹运动
2	基础模块	标定工具坐标系；用夹具沿模块上各特征形状进行图形轨迹运动
3	工业机器人技能考核实训台	提供基础实训操作平台
4	机器人本体	机器人执行机构

　　曲线可以看作由 N 段小圆弧或直线组成，所以可以用 N 个圆弧指令或直线指令完成曲线运动，下面为大家介绍曲线运动路径，该实例的曲线路径由两段圆弧和一条直线构成。路径规划：初始点 P0→过渡点 P1→第一点 P2→第二点 P3→第三点 P4→第四点 P5→第五点 P6→第六点 P7→过渡点 P8，如图 9.7 所示。

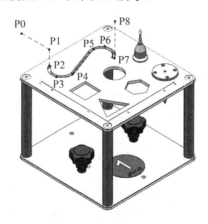

图 9.7　基础实训模块曲线运动路径规划

9.3.2　坐标系标定

1. 工具坐标系标定

本项目以尖锥夹具进行 S 形曲线轨迹示教，在此需要对尖锥夹具进行工具坐标系标定。以基础实训模块上的尖锥为固定点，手动操纵机器人，以 4 种不同的工具姿态，使机器人工具上的尖锥参考点尽可能与固定点刚好接触。标定过后的工具坐标系如图 9.8 所示。

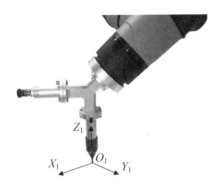

图 9.8　工具坐标系标定

2. 用户坐标系标定

在工具坐标系标定完成后，还应标定用户坐标系。在本项目中，需要标定基础实训模块的坐标系，选用 xOxy 类型，在基础实训模块的原点标定第一个点，在 X 轴上标定第二个点，在 xOy 平面上标定第三个点。标定结果如图 9.9 所示。

图 9.9　用户坐标系标定

9.3.3　指令介绍

机器人本体运动属性有 3 种选择：轴动运动、直线运动和轨迹运动。由于轨迹运动为多个路点的运动，故本项目主要使用轨迹运动模式中的圆弧（Arc）运动指令，如图 9.10 所示。

图9.10 轨迹运动模式（Arc）

9.4 项目步骤

经过以上对项目的分析，基于手动示教的曲线运动项目整体的操作步骤见表9.2。

表9.2 曲线运动操作步骤

序号	图片示例	操作步骤
1	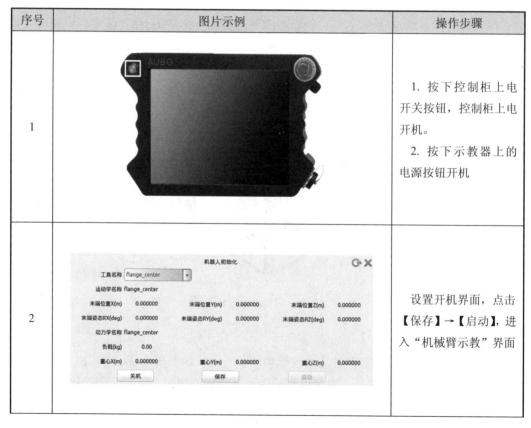	1. 按下控制柜上电开关按钮，控制柜上电开机。 2. 按下示教器上的电源按钮开机
2		设置开机界面，点击【保存】→【启动】，进入"机械臂示教"界面

续表9.2

序号	图片示例	操作步骤
3		在工具末端创建工具中心点，创建方法详见4.3.2 小节。若工具坐标系已经创建完成，则无需再次创建
4		在基础实训模块上进行坐标系标定，标定方法详见 4.3.3 小节。若坐标系已经标定完成，则无需再次标定
5		在"参考坐标系"与"目标"中选中以上标定的坐标系与目标工具

续表9.2

序号	图片示例	操作步骤
6	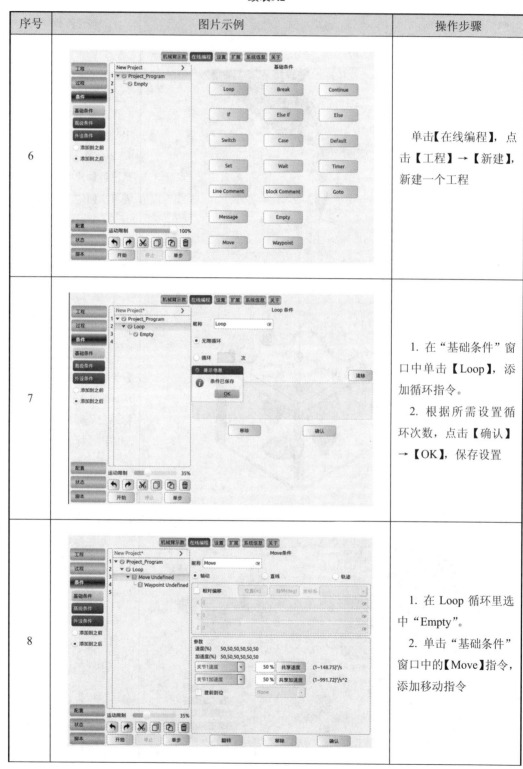	单击【在线编程】，点击【工程】→【新建】，新建一个工程
7		1. 在"基础条件"窗口中单击【Loop】，添加循环指令。 2. 根据所需设置循环次数，点击【确认】→【OK】，保存设置
8		1. 在 Loop 循环里选中"Empty"。 2. 单击"基础条件"窗口中的【Move】指令，添加移动指令

144

续表9.2

序号	图片示例	操作步骤
9	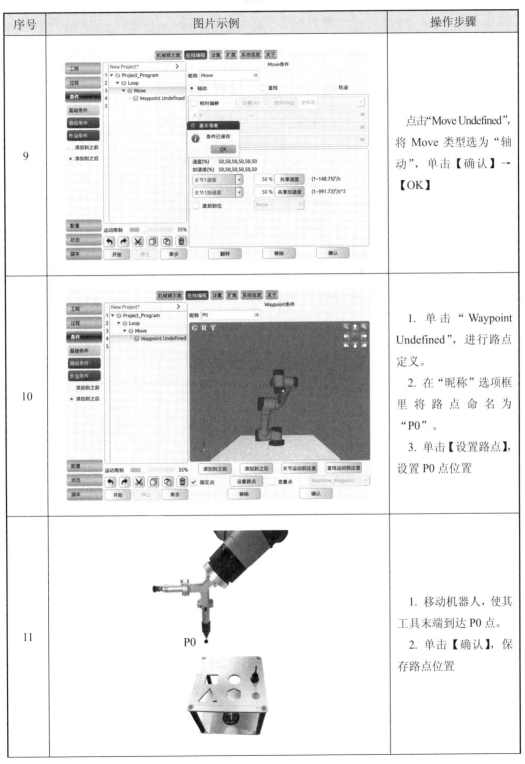	点击"Move Undefined"，将 Move 类型选为"轴动"，单击【确认】→【OK】
10		1. 单击" Waypoint Undefined"，进行路点定义。 　2. 在"昵称"选项框里将路点命名为"P0"。 　3. 单击【设置路点】，设置 P0 点位置
11	P0	1. 移动机器人，使其工具末端到达 P0 点。 　2. 单击【确认】，保存路点位置

145

续表9.2

序号	图片示例	操作步骤
12	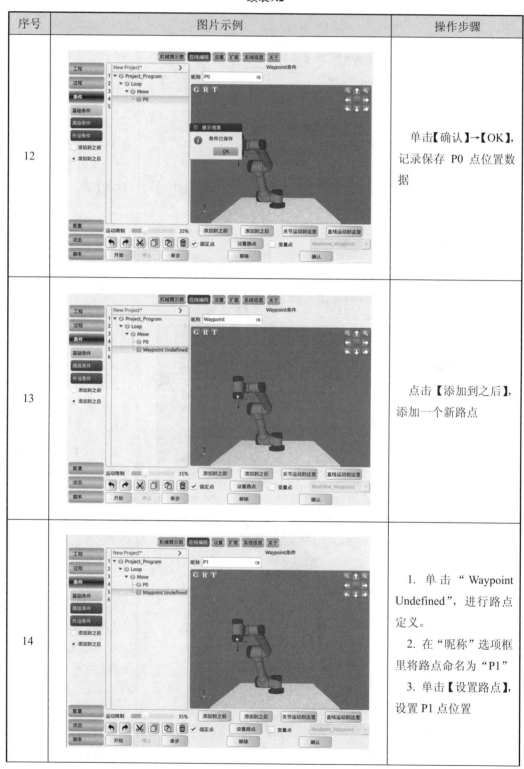	单击【确认】→【OK】，记录保存 P0 点位置数据
13		点击【添加到之后】，添加一个新路点
14		1. 单击"Waypoint Undefined"，进行路点定义。 2. 在"昵称"选项框里将路点命名为"P1" 3. 单击【设置路点】，设置 P1 点位置

146

续表9.2

序号	图片示例	操作步骤
15	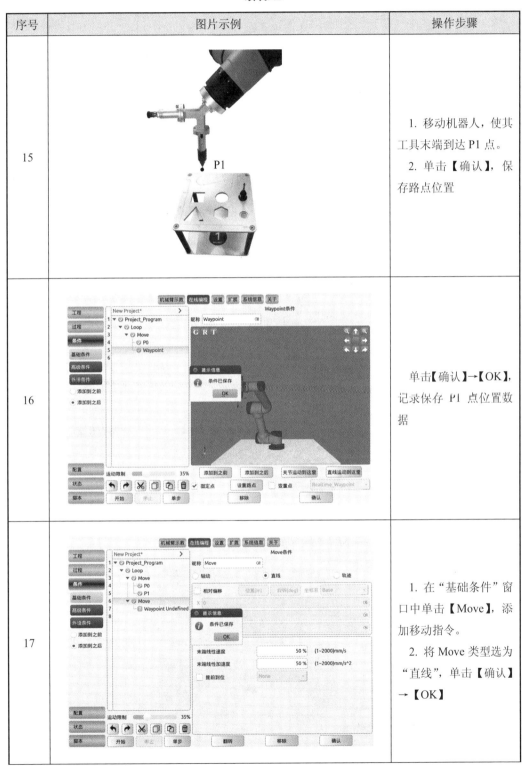	1. 移动机器人，使其工具末端到达 P1 点。 2. 单击【确认】，保存路点位置
16		单击【确认】→【OK】，记录保存 P1 点位置数据
17		1. 在"基础条件"窗口中单击【Move】，添加移动指令。 2. 将 Move 类型选为"直线"，单击【确认】→【OK】

续表9.2

序号	图片示例	操作步骤
18	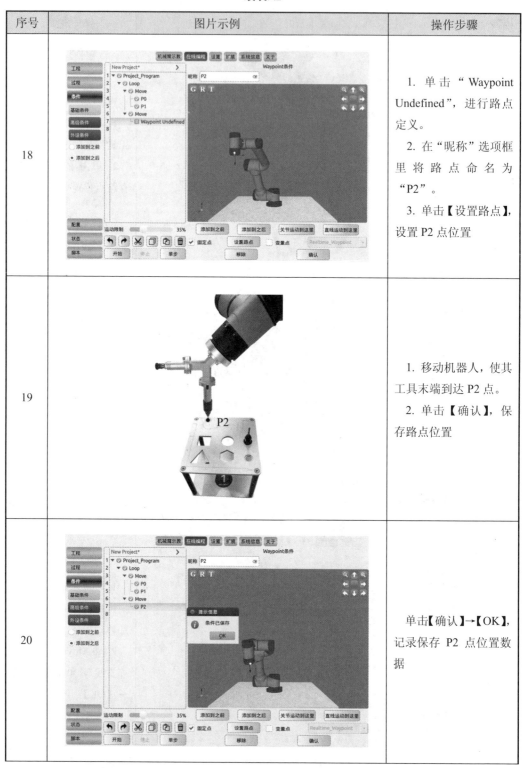	1. 单击"Waypoint Undefined"，进行路点定义。 2. 在"昵称"选项框里将路点命名为"P2"。 3. 单击【设置路点】，设置 P2 点位置
19		1. 移动机器人，使其工具末端到达 P2 点。 2. 单击【确认】，保存路点位置
20		单击【确认】→【OK】，记录保存 P2 点位置数据

148

续表9.2

序号	图片示例	操作步骤
21	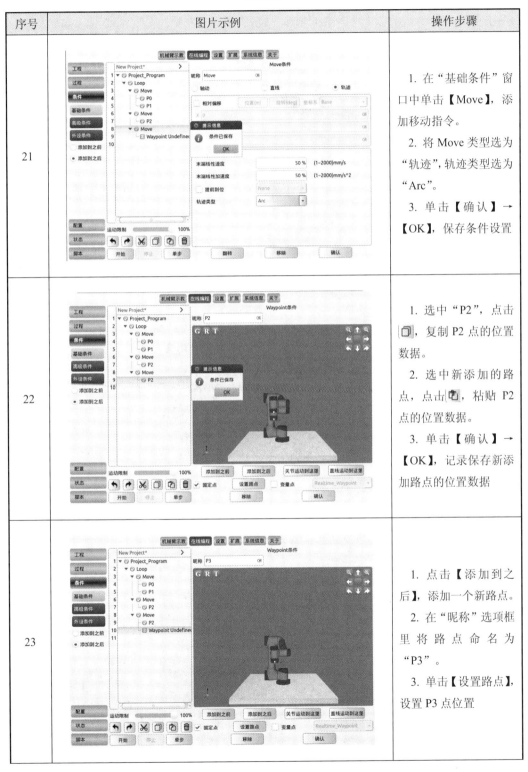	1. 在"基础条件"窗口中单击【Move】，添加移动指令。 2. 将 Move 类型选为"轨迹"，轨迹类型选为"Arc"。 3. 单击【确认】→【OK】，保存条件设置
22		1. 选中"P2"，点击[图标]，复制 P2 点的位置数据。 2. 选中新添加的路点，点击[图标]，粘贴 P2 点的位置数据。 3. 单击【确认】→【OK】，记录保存新添加路点的位置数据
23		1. 点击【添加到之后】，添加一个新路点。 2. 在"昵称"选项框里将路点命名为"P3"。 3. 单击【设置路点】，设置 P3 点位置

续表9.2

序号	图片示例	操作步骤
24	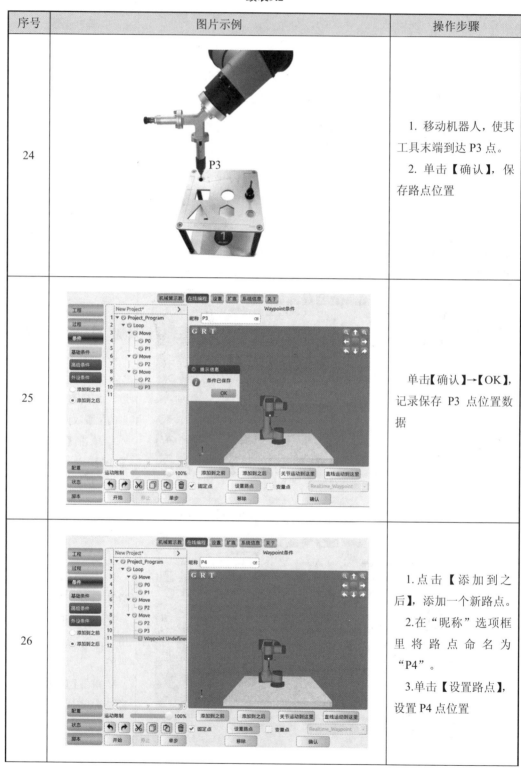	1. 移动机器人，使其工具末端到达 P3 点。 2. 单击【确认】，保存路点位置
25		单击【确认】→【OK】，记录保存 P3 点位置数据
26		1.点击【添加到之后】，添加一个新路点。 2.在"昵称"选项框里将路点命名为"P4"。 3.单击【设置路点】，设置 P4 点位置

续表9.2

序号	图片示例	操作步骤
27	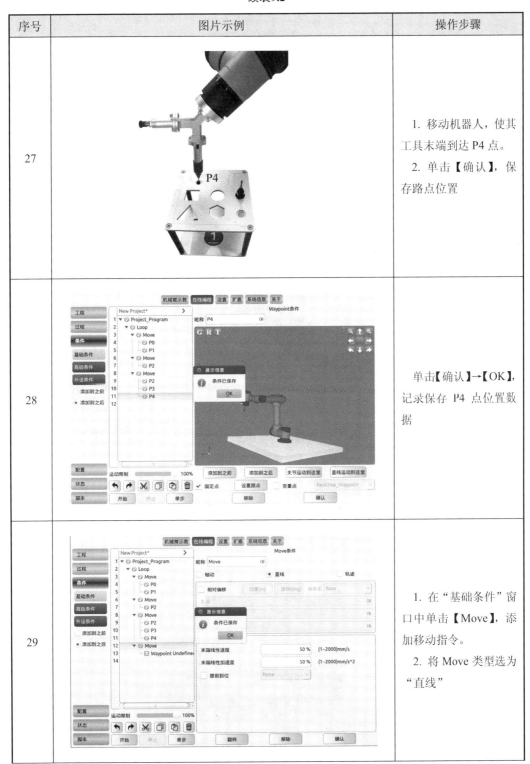	1. 移动机器人，使其工具末端到达 P4 点。 2. 单击【确认】，保存路点位置
28		单击【确认】→【OK】，记录保存 P4 点位置数据
29		1. 在"基础条件"窗口中单击【Move】，添加移动指令。 2. 将 Move 类型选为"直线"

续表9.2

序号	图片示例	操作步骤
30	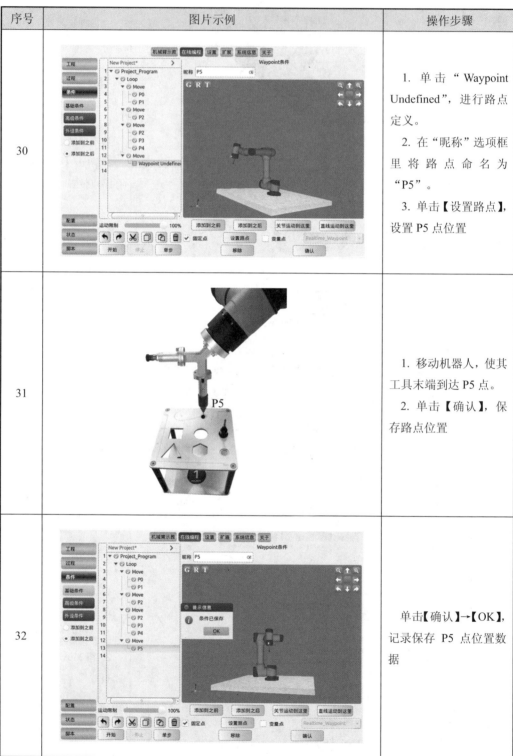	1. 单击"Waypoint Undefined"，进行路点定义。 2. 在"昵称"选项框里将路点命名为"P5"。 3. 单击【设置路点】，设置 P5 点位置
31		1. 移动机器人，使其工具末端到达 P5 点。 2. 单击【确认】，保存路点位置
32		单击【确认】→【OK】，记录保存 P5 点位置数据

续表9.2

序号	图片示例	操作步骤
33	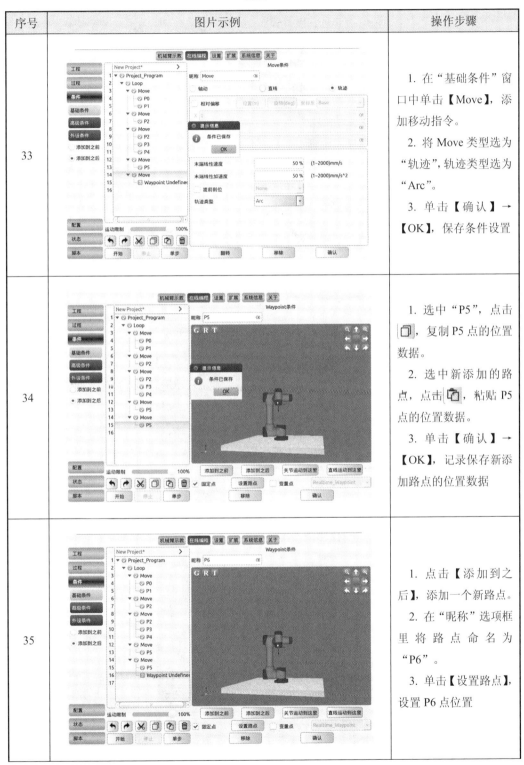	1. 在"基础条件"窗口中单击【Move】，添加移动指令。 2. 将 Move 类型选为"轨迹"，轨迹类型选为"Arc"。 3. 单击【确认】→【OK】，保存条件设置
34		1. 选中"P5"，点击[图标]，复制 P5 点的位置数据。 2. 选中新添加的路点，点击[图标]，粘贴 P5 点的位置数据。 3. 单击【确认】→【OK】，记录保存新添加路点的位置数据
35		1. 点击【添加到之后】，添加一个新路点。 2. 在"昵称"选项框里将路点命名为"P6"。 3. 单击【设置路点】，设置 P6 点位置

续表9.2

序号	图片示例	操作步骤
36	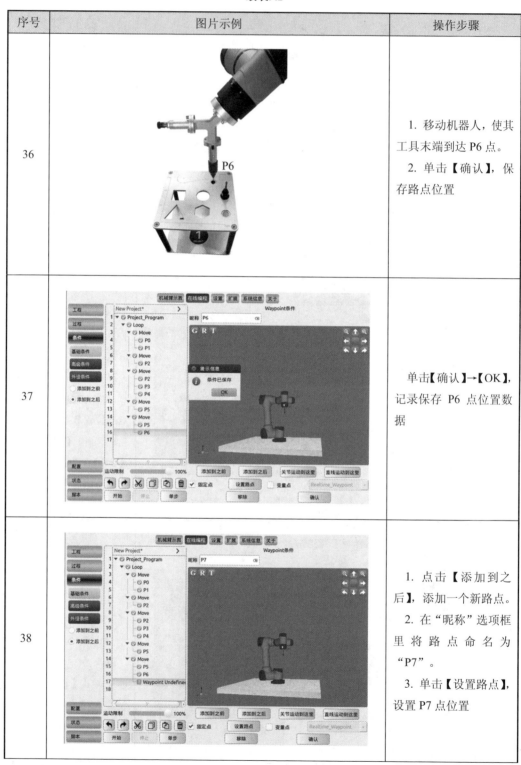	1. 移动机器人，使其工具末端到达 P6 点。 2. 单击【确认】，保存路点位置
37		单击【确认】→【OK】，记录保存 P6 点位置数据
38		1. 点击【添加到之后】，添加一个新路点。 2. 在"昵称"选项框里将路点命名为"P7"。 3. 单击【设置路点】，设置 P7 点位置

续表9.2

序号	图片示例	操作步骤
39	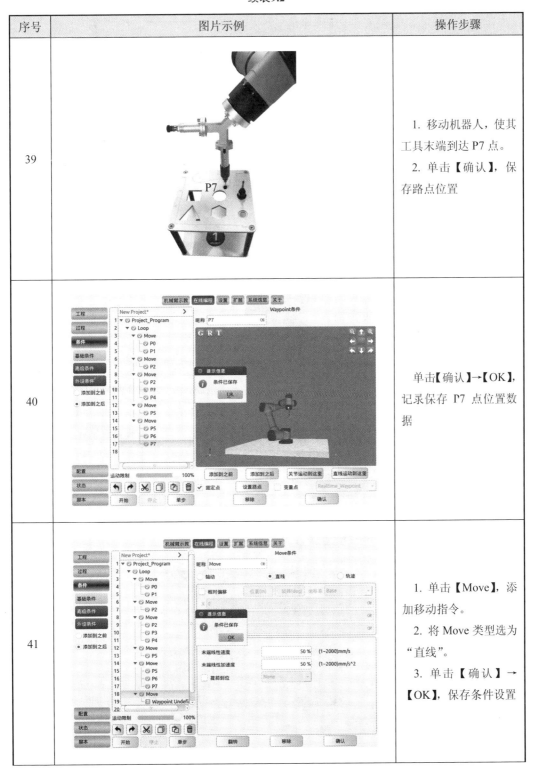	1. 移动机器人，使其工具末端到达 P7 点。 2. 单击【确认】，保存路点位置
40		单击【确认】→【OK】，记录保存 P7 点位置数据
41		1. 单击【Move】，添加移动指令。 2. 将 Move 类型选为"直线"。 3. 单击【确认】→【OK】，保存条件设置

续表9.2

序号	图片示例	操作步骤
42	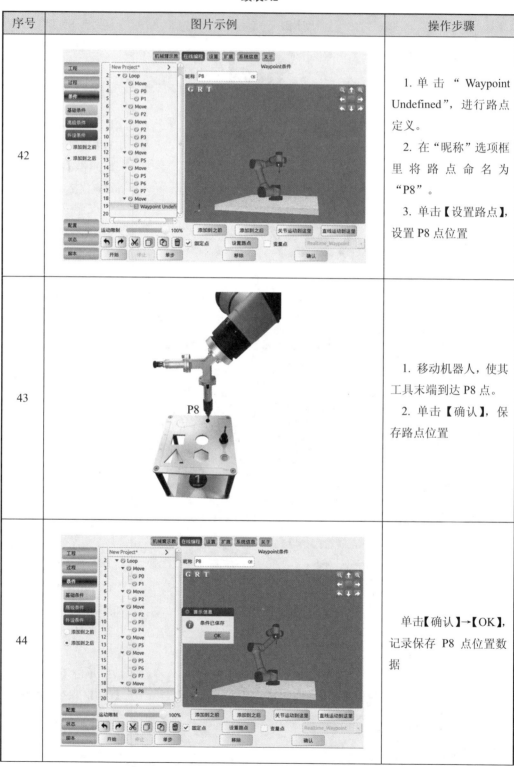	1. 单击"Waypoint Undefined"，进行路点定义。 2. 在"昵称"选项框里将路点命名为"P8"。 3. 单击【设置路点】，设置 P8 点位置
43		1. 移动机器人，使其工具末端到达 P8 点。 2. 单击【确认】，保存路点位置
44		单击【确认】→【OK】，记录保存 P8 点位置数据

续表9.2

序号	图片示例	操作步骤
45	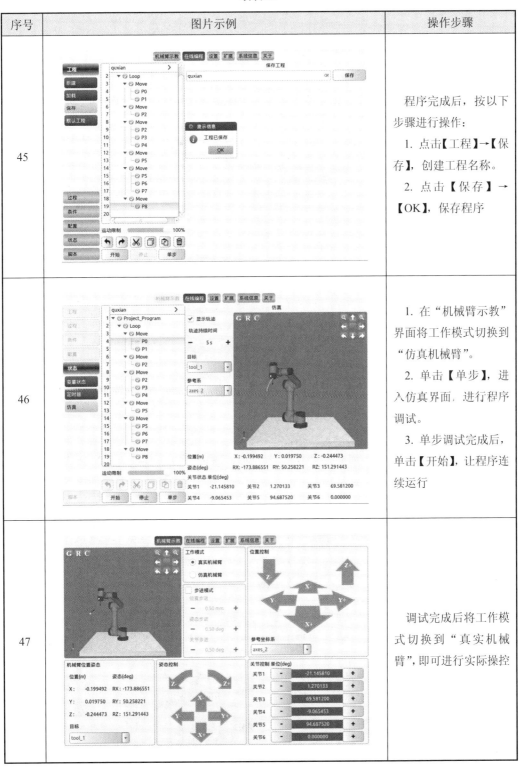	程序完成后，按以下步骤进行操作： 1. 点击【工程】→【保存】，创建工程名称。 2. 点击【保存】→【OK】，保存程序
46		1. 在"机械臂示教"界面将工作模式切换到"仿真机械臂"。 2. 单击【单步】，进入仿真界面，进行程序调试。 3. 单步调试完成后，单击【开始】，让程序连续运行
47		调试完成后将工作模式切换到"真实机械臂"，即可进行实际操控

157

9.5 项目验证

9.5.1 效果验证

项目运行完成后，得到的效果应如图 9.11 所示，尖锥夹具从起始点轴动运动到过渡点后，直线运动到 S 形曲线的第一点，然后按照图 9.11 所示的路径进行运动，最后回到安全点。

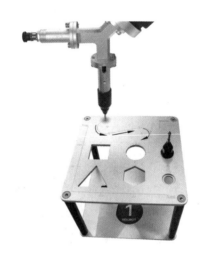

图 9.11 曲线运动效果

9.5.2 数据验证

程序编写完成后，可查看每一点的位姿数据，通过点位信息也可验证程序的可行性，操作步骤见表 9.3。

表9.3 查看点位数据

序号	图片示例	位姿数据
1	位置(m)　　　　X: -0.069818　　Y: 0.040864　　Z: 0.187272 姿态(deg)　　　RX: 4.693671　　RY: 2.883706　　RZ: 164.381439 关节状态 单位(deg) 关节1　-18.833352　　关节2　-11.127184　　关节3　65.685260 关节4　-12.341855　　关节5　87.911146　　关节6　-29.964890	起始点 P0
2	位置(m)　　　　X: 0.034856　　Y: 0.168072　　Z: 0.140549 姿态(deg)　　　RX: 4.693573　　RY: 2.883577　　RZ: 164.381424 关节状态 单位(deg) 关节1　-10.243397　　关节2　13.714318　　关节3　97.056469 关节4　-6.133800　　关节5　87.808243　　关节6　-21.369492	过渡点 P1

续表9.3

序号	图片示例	位姿数据
3	位置(m)　　　　X：0.034857　　Y：0.168071　　Z：0.000091 姿态(deg)　RX：4.693702　RY：2.883479　RZ：164.381424 关节状态 单位(deg) 关节1　-10.243454　关节2　12.154039　关节3　117.475374 关节4　15.845434　关节5　87.808243　关节6　-21.369608	第一个圆弧起始点 P2
4	位置(m)　　　　X：0.020170　　Y：0.143280　　Z：0.000091 姿态(deg)　RX：4.693686　RY：2.883592　RZ：164.381424 关节状态 单位(deg) 关节1　-11.654649　关节2　7.632027　关节3　113.844309 关节4　16.790299　关节5　87.821828　关节6　-22.781719	第一个圆弧中间点 P3
5	位置(m)　　　　X：0.045151　　Y：0.130014　　Z：0.000091 姿态(deg)　RX：4.693573　RY：2.883577　RZ：164.381424 关节状态 单位(deg) 关节1　-7.896905　关节2　7.515946　关节3　113.704679 关节4　16.622594　关节5　87.788592　关节6　-19.021397	第一个圆弧末端点 P4
6	位置(m)　　　　X：0.103629　　Y：0.147113　　Z：0.000091 姿态(deg)　RX：4.693673　RY：2.883594　RZ：164.381409 关节状态 单位(deg) 关节1　0.503515　关节2　13.373752　关节3　118.274192 关节4　15.006452　关节5　87.748943　关节6　-10.614730	直线部分末端点 P5
7	位置(m)　　　　X：0.152773　　Y：0.136022　　Z：0.000091 姿态(deg)　RX：4.693697　RY：2.883484　RZ：164.381317 关节状态 单位(deg) 关节1　7.952769　关节2　13.565234　关节3　118.333027 关节4　14.580917　关节5　87.754216　关节6　-3.159633	第二个圆弧中间点 P6
8	位置(m)　　　　X：0.114113　　Y：0.114162　　Z：0.000091 姿态(deg)　RX：4.693673　RY：2.883594　RZ：164.381409 关节状态 单位(deg) 关节1　1.952640　关节2　8.823779　关节3　114.693602 关节4　15.918830　关节5　87.746996　关节6　-9.164460	第二个圆弧末端点 P7
9	位置(m)　　　　X：0.114113　　Y：0.114162　　Z：0.144124 姿态(deg)　RX：4.693702　RY：2.883479　RZ：164.381424 关节状态 单位(deg) 关节1　1.952755　关节2　10.510223　关节3　93.908011 关节4　-6.553205　关节5　87.746996　关节6　-9.164288	过渡点 P8

159

从表 9.3 可以看出，S 形曲线涉及到的 P2～P6 点的位置信息大致与基础模块上 S 形曲线的各点坐标吻合，进一步验证了本次项目的曲线运动轨迹示教符合项目要求。

注意： 基础模块上 S 形曲线的坐标依次为（34,168,0）、（20,143,0）、（45,130,0）、（103,147,0）、（125,136,0）、（114,114,0）。单位为 mm。

9.6 项目总结

9.6.1 项目评价

本项目基于基础实训模块，主要介绍了机器人的曲线运动指令应用和轨迹运动，通过本项目的训练，可实现以下目的：

（1）巩固工具坐标系、用户坐标系标定方法。

（2）学会使用机器人轨迹运动指令。

（3）掌握机器人示教器的点动操作。

9.6.2 项目拓展

通过本项目的学习，可以对项目进行以下的拓展：

（1）拓展项目一：在对曲线轨迹运动理解的基础上，利用尖锥夹具完成基础模块上圆周的轨迹示教，如图 9.12 所示。

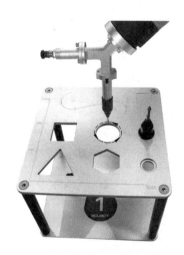

图 9.12 圆周轨迹运动示教

关于圆周运动命令的应用，如图 9.13 所示。

（2）拓展项目二：模拟激光雕刻，利用尖锥夹具代替激光器完成字母的轨迹雕刻，该程序需用到交融半径条件设置。实训模型及轨迹如图 9.14 所示。

图 9.13　圆周运动条件设置

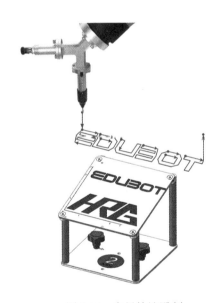

图 9.14　字母轨迹雕刻

第10章 基于拖动示教的轨迹记录项目

10.1 项目目的

10.1.1 项目背景

作为工业机器人发展与创新的一个重要方面,示教技术正在向利于快速示教编程和增强人机协作能力的方向发展。实际应用最多的传统示教器示教要求操作者具有一定的机器人技术知识和经验,示教效率较低。与示教器示教相比,拖动示教法无需操作者掌握任何机器人知识及经验,操作简单且快速,极大地提高了示教的友好性和高效性。图10.1为协作机器人利用拖动示教完成轨迹记录后进行喷涂作业。

❋ 轨迹记录项目

拖动示教这一功能可以很方便地进行轨迹规划(对过程轨迹精度要求不高的任务),以便操作者记录和复现轨迹。因此,本项目通过对基础实训模块中的圆形轨迹进行轨迹拖动示教来记录轨迹,并且比较手动示教与拖动示教的区别。

图10.1 窗框喷涂作业

10.1.2 项目需求

本项目基于基础实训模块,用尖锥夹具代替工业工具,以模块中的圆形轨迹为例模拟工业化应用,进行拖动示教并进行轨迹记录,如图10.2所示。

图 10.2　项目需求实物图

10.1.3　项目目的

在本项目的学习训练中需实现以下目的：

（1）掌握拖动示教方法。

（2）掌握轨迹记录方法。

（3）熟练掌握轨迹调用的编程操作。

10.2　项目分析

10.2.1　项目构架

本项目为基于机器人拖动示教的圆形轨迹记录项目，需要操作者进行手动拖动示教。本项目的整体构架如图 10.3 所示，拖动示教需要示教器记录轨迹信息及操控示教器使能开关来进行拖动示教。将指令信号反馈给控制柜，使执行机构按要求的动作顺序进行轨迹运动。

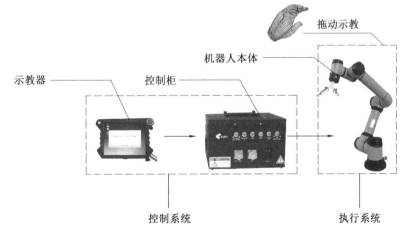

图 10.3　项目构架

10.2.2　项目流程

在项目实施过程中，需要包含以下环节：

（1）对项目进行分析，可知此项目进行拖动示教且记录运动轨迹。

（2）对机器人进行系统搭建。

（3）对所用到的模块进行拖动示教，这里使用尖锥夹具及基础实训模块。

（4）创建轨迹，进行拖动示教后保存、调试检查程序，确认无误后运行程序，观察程序运行结果。

整体的拖动示教的轨迹记录项目流程如图 10.4 所示。

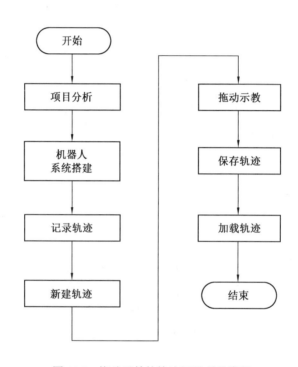

图 10.4　拖动示教的轨迹记录项目流程

10.3　项目要点

从对项目流程的分析来看，在项目应用中需要经历项目分析、系统搭建、拖动示教、记录轨迹等过程。所以本项目的知识要点包括路径规划、拖动示教、轨迹记录。

10.3.1　路径规划

HRG-HD1XKB 型工业机器人技能考核实训台包含一系列实训模块用于实操训练，在项目编程前需要安装基础实训模块和所需工具，如图 10.5 所示。

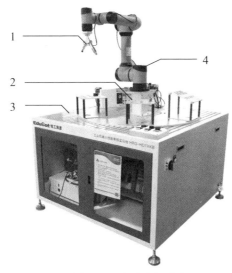

图 10.5　基础实训设备

本项目（图 10.5）所涉及的实训工具及说明见表 10.1。

表10.1　实训工具说明

序号	名　　　称	说　　　明
1	Y 型夹具	模拟工业工具进行图形轨迹运动
2	基础模块	标定工具坐标系；用夹具沿模块上各特征形状进行图形轨迹运动
3	工业机器人技能考核实训台	提供基础实训操作平台
4	机器人本体	机器人执行机构

圆形可以看作由 N 段小圆弧组成，所以可以沿 N 段小圆弧拖动示教并进行轨迹记录，该实例的圆形路径由两段圆弧构成。路径规划：拖动机器人从初始点 P0 出发→过渡点 P1→第一点 P2，沿着圆形路径进行示教。圆形路径示教结束后回到起始点。基础实训模块圆形路径规划如图 10.6 所示。

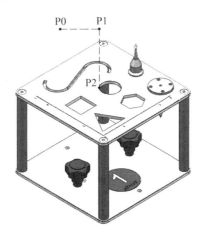

图 10.6　基础实训模块圆形路径规划

10.3.2　拖动示教

处在拖动示教模式时，拖动示教可以拖动机器人任意关节位置。开启拖动示教的操作方法是：半按住示教器右侧的力控开关，即可进行拖动示教。拖动示教操作示意图如图 10.7 所示。

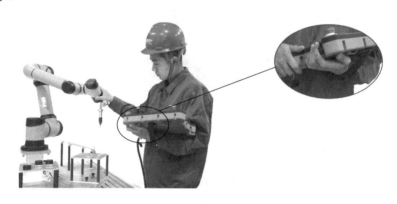

图 10.7　拖动示教操作示意图

10.3.3　轨迹记录

在"在线编程"编辑界面有记录轨迹功能，可以记录拖动示教过程中一段时间内机械臂的运动轨迹。记录轨迹可以实现在一段时间内对机械臂运动轨迹的记录，并应用到在线编程环境中。图 10.8 所示为"记录轨迹"界面，在"记录轨迹"编辑界面可以对轨迹进行新建、加载、编辑等操作。

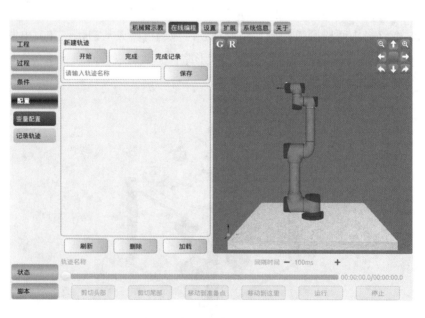

图 10.8　"记录轨迹"编辑界面

10.4 项目步骤

经过以上对项目的分析，基于拖动示教的轨迹记录项目整体的操作步骤见表 10.2。

表10.2 记录轨迹操作步骤

序号	图片示例	操作步骤
1	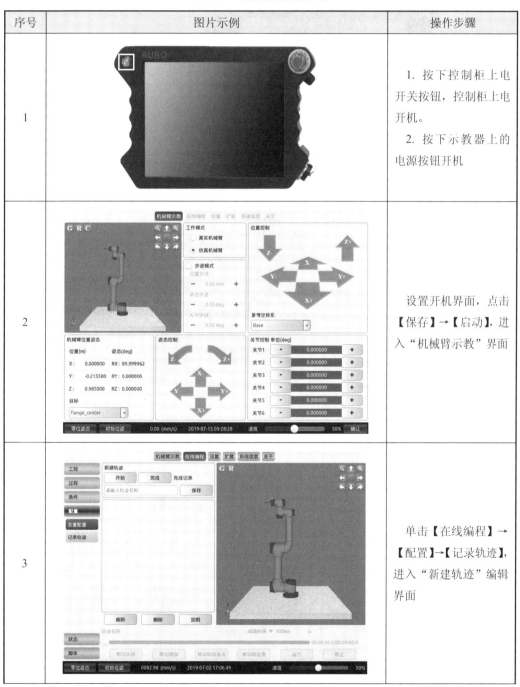	1. 按下控制柜上电开关按钮，控制柜上电开机。 2. 按下示教器上的电源按钮开机
2		设置开机界面，点击【保存】→【启动】，进入"机械臂示教"界面
3		单击【在线编程】→【配置】→【记录轨迹】，进入"新建轨迹"编辑界面

167

续表10.2

序号	图片示例	操作步骤
4	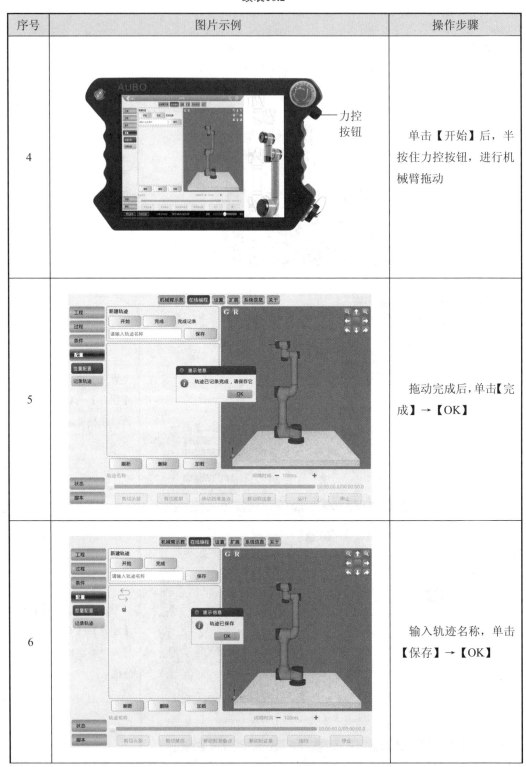	单击【开始】后，半按住力控按钮，进行机械臂拖动
5		拖动完成后，单击【完成】→【OK】
6		输入轨迹名称，单击【保存】→【OK】

续表10.2

序号	图片示例	操作步骤
7	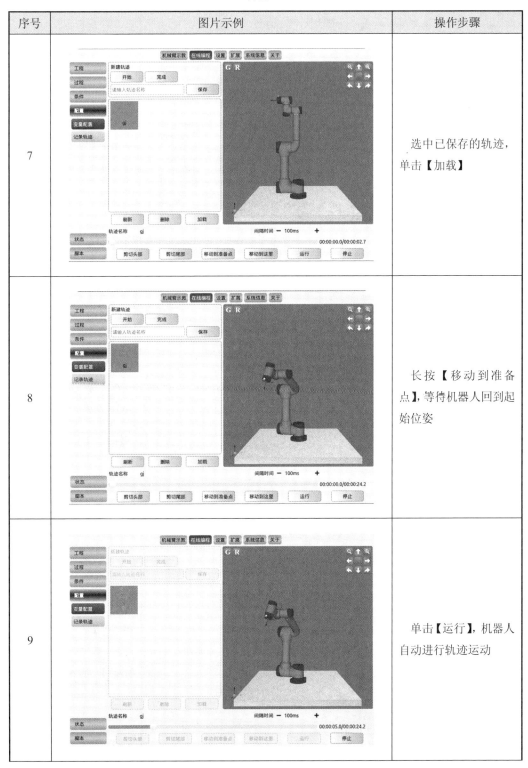	选中已保存的轨迹，单击【加载】
8		长按【移动到准备点】，等待机器人回到起始位姿
9		单击【运行】，机器人自动进行轨迹运动

169

续表10.2

序号	图片示例	操作步骤
10	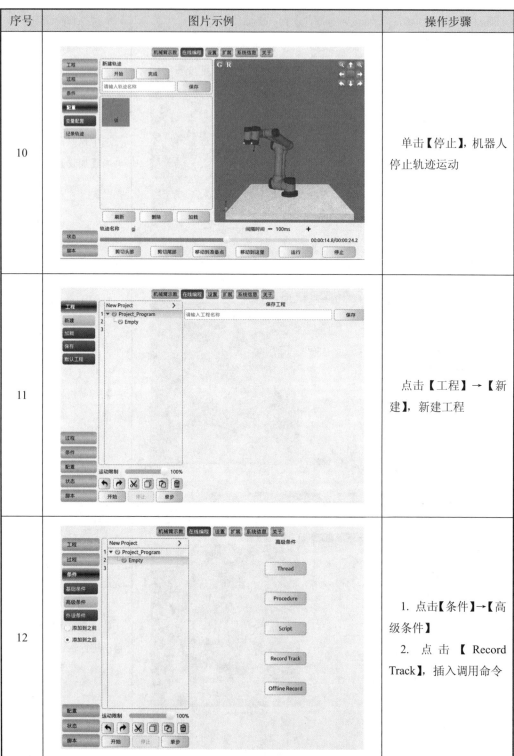	单击【停止】，机器人停止轨迹运动
11		点击【工程】→【新建】，新建工程
12		1. 点击【条件】→【高级条件】 2. 点击【Record Track】，插入调用命令

续表10.2

序号	图片示例	操作步骤
13	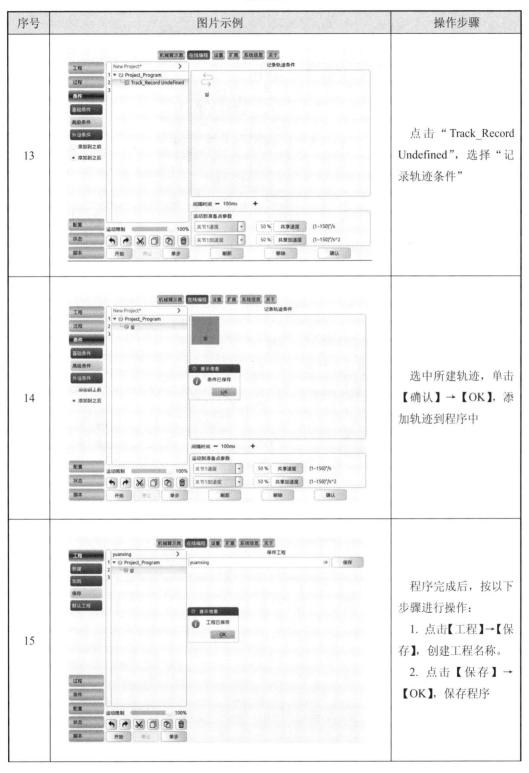	点击"Track_Record Undefined",选择"记录轨迹条件"
14		选中所建轨迹,单击【确认】→【OK】,添加轨迹到程序中
15		程序完成后,按以下步骤进行操作: 1. 点击【工程】→【保存】,创建工程名称。 2. 点击【保存】→【OK】,保存程序

续表10.2

序号	图片示例	操作步骤
16	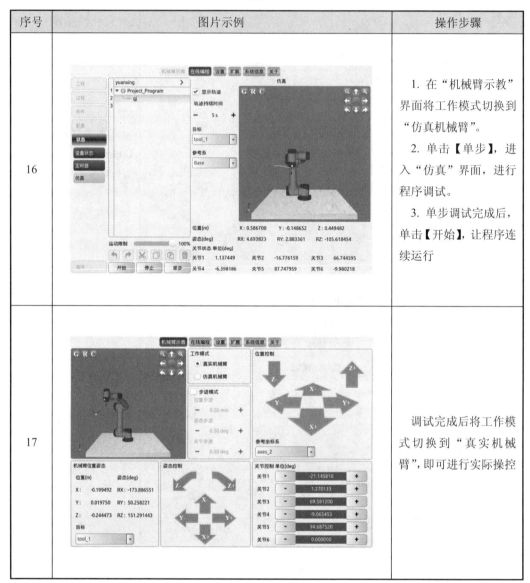	1. 在"机械臂示教"界面将工作模式切换到"仿真机械臂"。 2. 单击【单步】，进入"仿真"界面，进行程序调试。 3. 单步调试完成后，单击【开始】，让程序连续运行
17		调试完成后将工作模式切换到"真实机械臂"，即可进行实际操控

10.5　项目验证

10.5.1　效果验证

项目运行完成后，得到的效果应如图 10.9 所示，尖锥夹具运动到圆形的第一点，然后大致按照图中的路径进行运动。

图 10.9　拖动示教效果验证

10.5.2　数据验证

程序编写完成后，在"程序调试运行"界面可查看拖动示教过程中点位的位姿数据，由于拖动示教过程中记录的是整个路径移动的位置数据，所以没有精准的路点位置数据。这也是与手动示教的区别之一。因此，拖动示教一般应用于对精度要求不高的作业线上。

10.6　项目总结

10.6.1　项目评价

本项目基于基础实训模块，主要介绍了机器人的拖动示教和轨迹记录应用，通过本项目的训练体会和掌握了以下内容：

（1）拖动示教可以很方便地对过程轨迹精度不高的任务进行轨迹规划。

（2）轨迹记录方便操作者记录和复现轨迹。

（3）轨迹调用指令的应用。

10.6.2　项目拓展

通过本项目的学习，可以对项目进行拓展：利用拖动示教方式依次完成基础实训模块上其他图形的程序编写与调试。

第 11 章　基于手动示教的物料搬运项目

11.1　项目目的

11.1.1　项目背景

产品的包装和码垛属于拾取和放置类别里的一个子类。产品离开工厂车间之前需要为运输进行适当准备，包括包装、箱体装配和装载、箱体整理、放置托盘准备发运。这种类型的工作重复率高，且包含一些小型负载，十分适合用协作机器人取代人工作业。图 11.1 所示为协作机器人搬运、码垛生产作业。

※　物料搬运项目

本项目模拟机器人搬运、码垛生产线的应用，图 11.2 所示为物料搬运应用。通过搬运模块的训练，可熟悉遨博机器人搬运项目的程序编写及 I/O 信号的配置。

图 11.1　搬运、码垛生产作业

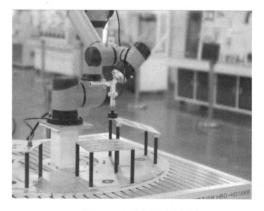

图 11.2　物料搬运应用

11.1.2　项目需求

本项目为基于手动示教的物料搬运项目，通过搬运模块及吸盘工具的使用，利用吸盘工具在搬运模块上将圆饼从 1 号工位搬至 7 号工位上，如图 11.3 所示。

图 11.3　项目需求实物图

11.1.3　项目目的

在本项目的学习训练中需实现以下目的：

（1）熟悉了解码垛、搬运项目应用的场景及项目的意义。

（2）熟悉搬运动作的流程及路径规划。

（3）掌握机器人 I/O 的设置。

（4）掌握机器人的编程、调试及运行。

11.2　项目分析

11.2.1　项目构架

本项目为基于机器人手动示教的物料搬运项目，需要操作者用示教器进行手动示教。本项目的整体构架如图 11.4 所示，项目中需用到吸盘工具，所以需要电磁阀与控制柜内部的 IO 板进行电缆连接，驱动电磁阀控制工具末端吸盘的气压。控制系统从示教器中检出相应信息，将指令信号反馈给控制柜，使执行机构按要求的动作顺序进行轨迹运动。

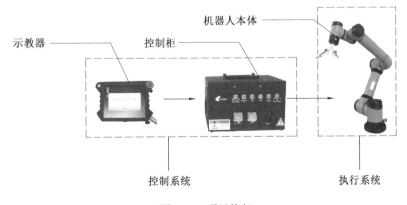

图 11.4　项目构架

11.2.2 项目流程

在搬运项目实施过程中，需要包含以下环节：

（1）对项目进行分析，可知此项目在搬运模块上实现物料搬运操作。

（2）对机器人进行系统搭建。

（3）组装电磁阀，驱动电磁阀控制工具末端吸盘的气压。

（4）对所用到的工具及模块进行标定，这里使用吸盘及搬运模块进行示教。

（5）创建程序，编写程序，调试检查程序，确认无误后运行程序，观察程序运行结果。

整体的基于手动示教的物料搬运项目流程如图 11.5 所示。

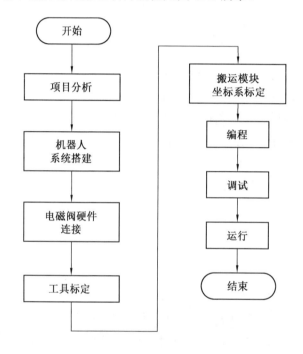

图 11.5　基于手动示教的物料搬运项目流程

11.3　项目要点

从对项目流程的分析来看，在项目应用中需要经历项目分析、系统搭建、I/O 设置、坐标系标定、程序编程等操作。所以，本项目的知识要点包括路径规划、I/O 设置、坐标系标定、指令分析。

11.3.1　路径规划

HRG-HD1XKB 型工业机器人技能考核实训台包含一系列实训模块用于实操训练，在项目编程前需要安装搬运模块和所需工具，如图 11.6 所示。

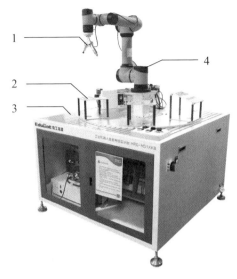

图 11.6 基础实训设备

本项目（图 11.6）所涉及的实训工具及说明见表 11.1。

表11.1 实训工具说明

序号	名　　称	说　　明
1	吸盘工具	电磁阀驱动工具末端吸盘的气压，达到吸附物料的功能
2	搬运模块	根据项目要求利用工具在搬运模块上将圆饼随机放置在 1～9 号工位上
3	工业机器人技能考核实训台	提供基础实训操作平台
4	机器人本体	机器人执行机构

路径规划：初始点 P0→过渡点 P1→拾取点 P2→过渡点 P1→放置点上方 P3→放置点 P4→放置点上方 P3，如图 11.7 所示。

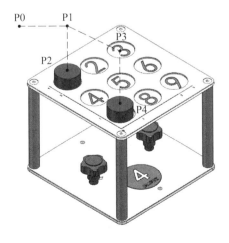

图 11.7 物料搬运路径规划

11.3.2 I/O 设置

本项目中机器人数字输出 DO_00 驱动电磁阀，以此来控制工具末端吸盘的气压。I/O 接线示意图如图 11.8 所示，电磁阀控制线两端分别接到机器人数字输出的 DO_00 和 24V 端口上。

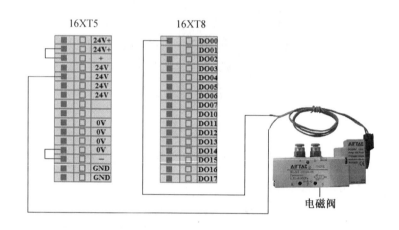

图 11.8 I/O 接线示意图

11.3.3 坐标系标定

本项目需要对吸盘进行工具标定，对搬运模块进行坐标系标定。

1. 工具标定

以基础实训模块上的尖锥为固定点，手动操纵机器人，以 4 种不同的工具姿态，使机器人工具上的参考点尽可能与固定点刚好接触。标定过后的工具坐标系如图 11.9 所示。

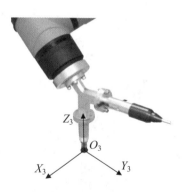

图 11.9 吸盘工具标定

2. 用户坐标系标定

在工具标定完成后，还应标定用户坐标系。在本项目中，需要标定搬运模块的坐标系，选用 xOxy 类型，在搬运模块的原点标定第一个点，在 X 轴上标定第二个点，在 xOy 平面上标定第三个点。标定结果如图 11.10 所示。

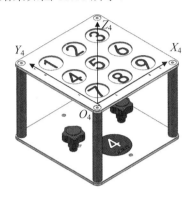

图 11.10　用户坐标系标定

11. 3. 4　指令分析

本项目中搬运动作利用吸盘工具来实现，使用 Set 条件命令将圆饼物料从 1 号工位搬运至 7 号工位。吸盘动作会有延时，为了保证机器人能够顺利抓取圆饼物料，需添加延时指令 Wait。机器人按规划路径运动，并在预定位置通过数字输出信号控制吸盘吸取和释放物料。

（1）使用移动命令到达目标点上方进行等待。

（2）机器人执行 Set 条件语句，勾选用户"IO"，将数字输出设为"U_DO_00"和"High"，抓取物料，如图 11.11 所示。

图 11.11　Set 条件命令

（3）抓取物料与释放的时候，需要添加等待条件，使吸盘与物料充分接触，防止搬运过程中物料脱落。"Wait 条件"编辑界面如图 11.12 所示。

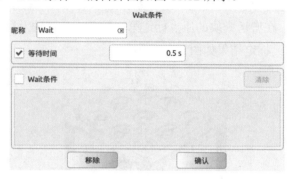

图 11.12 "Wait 条件"编辑界面

11.4 项目步骤

经过以上对项目的分析，基于手动示教的物料搬运项目整体的操作步骤见表 11.2。

表11.2 物料搬运操作步骤

序号	图片示例	操作步骤
1	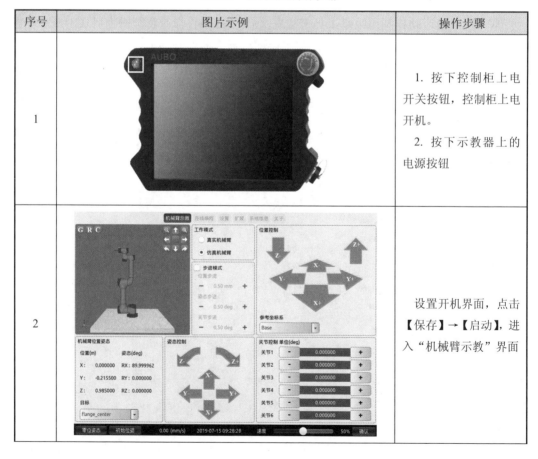	1. 按下控制柜上电开关按钮，控制柜上电开机。 2. 按下示教器上的电源按钮
2		设置开机界面，点击【保存】→【启动】，进入"机械臂示教"界面

续表11.2

序号	图片示例	操作步骤
3		在工具末端创建一个工具中心点，创建方法详见 4.3.2 小节。若工具标定已经创建完成，则无需再次创建
4		在搬运模块上进行坐标系标定，标定方法详见 4.3.3 小节。若坐标系已经标定完成，则无需再次标定
5		在"参考坐标系"与"目标"中选中以上标定的坐标系与目标工具

续表11.2

序号	图片示例	操作步骤
6	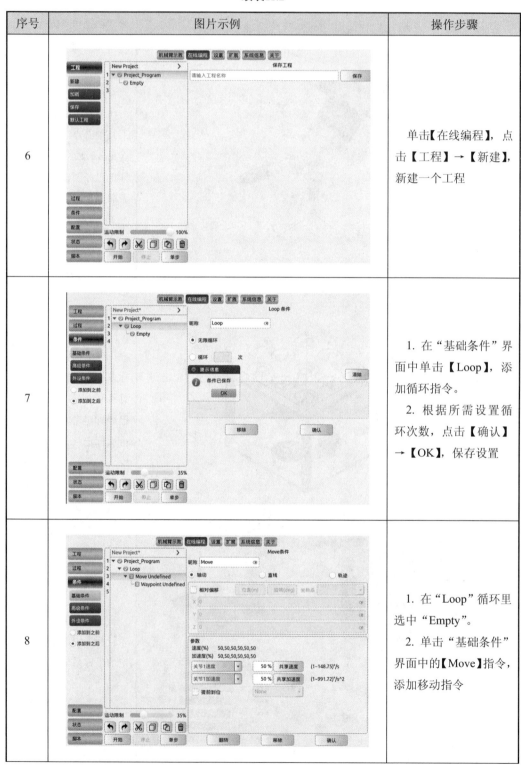	单击【在线编程】，点击【工程】→【新建】，新建一个工程
7		1. 在"基础条件"界面中单击【Loop】，添加循环指令。 2. 根据所需设置循环次数，点击【确认】→【OK】，保存设置
8		1. 在"Loop"循环里选中"Empty"。 2. 单击"基础条件"界面中的【Move】指令，添加移动指令

续表11.2

序号	图片示例	操作步骤
9	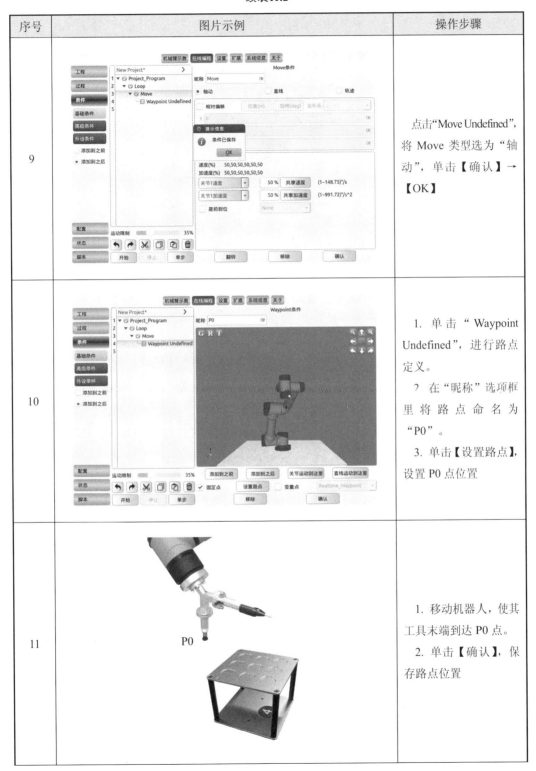	点击"Move Undefined"，将 Move 类型选为"轴动"，单击【确认】→【OK】
10		1. 单击" Waypoint Undefined"，进行路点定义。 2. 在"昵称"选项框里将路点命名为"P0"。 3. 单击【设置路点】，设置 P0 点位置
11	P0	1. 移动机器人，使其工具末端到达 P0 点。 2. 单击【确认】，保存路点位置

续表11.2

序号	图片示例	操作步骤
12	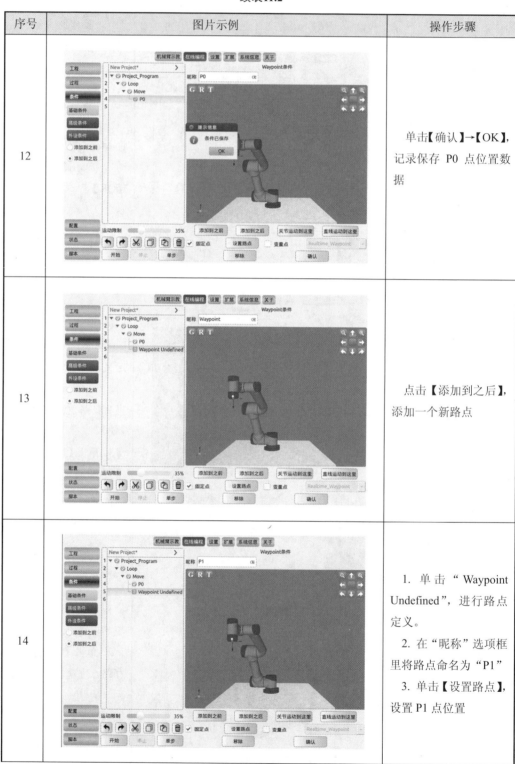	单击【确认】→【OK】，记录保存 P0 点位置数据
13		点击【添加到之后】，添加一个新路点
14		1. 单击"Waypoint Undefined"，进行路点定义。 2. 在"昵称"选项框里将路点命名为"P1" 3. 单击【设置路点】，设置 P1 点位置

续表11.2

序号	图片示例	操作步骤
15	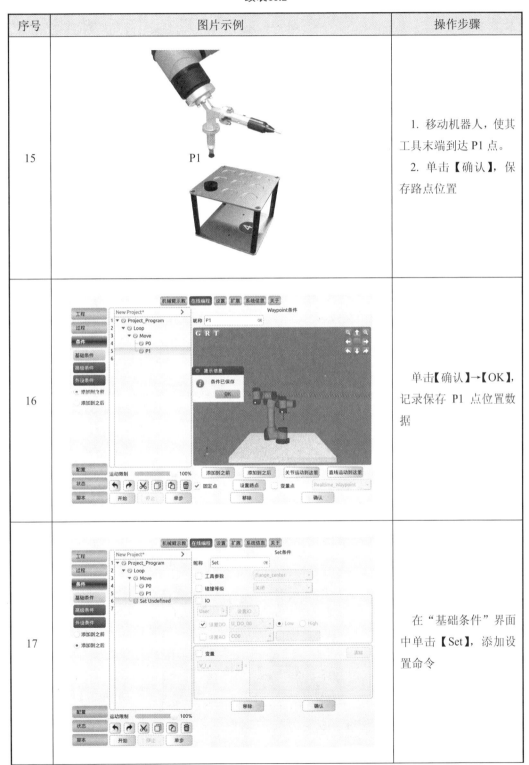	1. 移动机器人，使其工具末端到达 P1 点。 2. 单击【确认】，保存路点位置
16		单击【确认】→【OK】，记录保存 P1 点位置数据
17		在"基础条件"界面中单击【Set】，添加设置命令

续表11.2

序号	图片示例	操作步骤
18	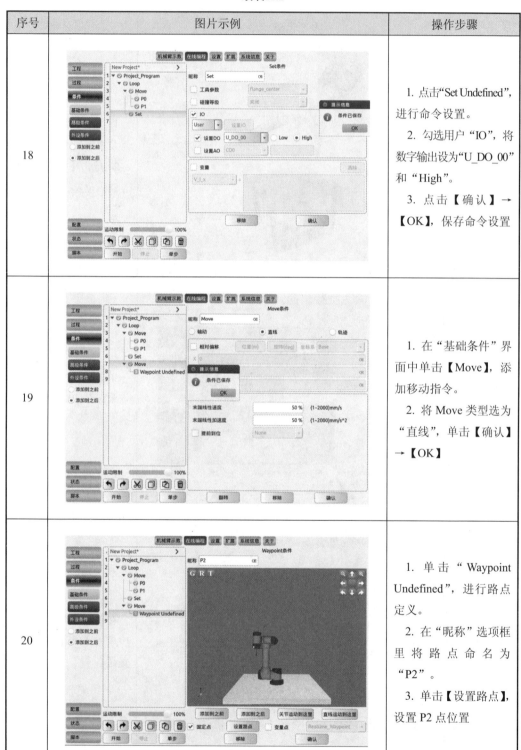	1. 点击"Set Undefined"，进行命令设置。 2. 勾选用户"IO"，将数字输出设为"U_DO_00"和"High"。 3. 点击【确认】→【OK】，保存命令设置
19		1. 在"基础条件"界面中单击【Move】，添加移动指令。 2. 将Move类型选为"直线"，单击【确认】→【OK】
20		1. 单击"Waypoint Undefined"，进行路点定义。 2. 在"昵称"选项框里将路点命名为"P2"。 3. 单击【设置路点】，设置P2点位置

续表11.2

序号	图片示例	操作步骤
21	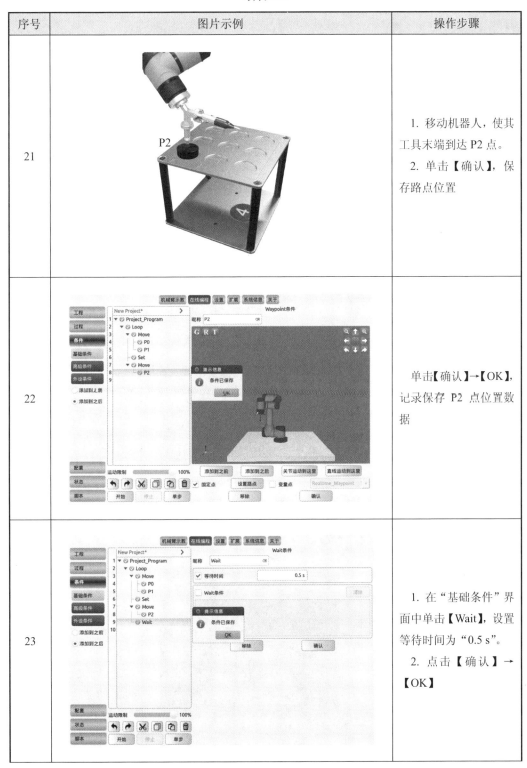	1. 移动机器人，使其工具末端到达 P2 点。 2. 单击【确认】，保存路点位置
22		单击【确认】→【OK】，记录保存 P2 点位置数据
23		1. 在"基础条件"界面中单击【Wait】，设置等待时间为"0.5 s"。 2. 点击【确认】→【OK】

187

续表11.2

序号	图片示例	操作步骤
24	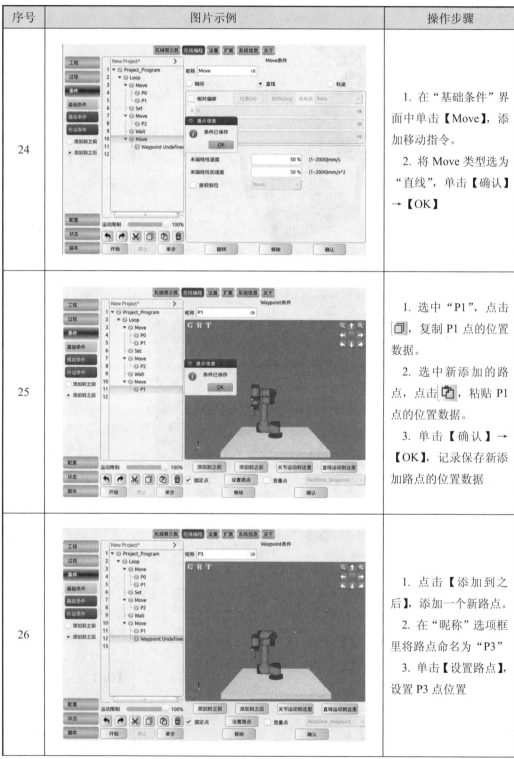	1. 在"基础条件"界面中单击【Move】，添加移动指令。 2. 将 Move 类型选为"直线"，单击【确认】→【OK】
25		1. 选中"P1"，点击 ⧉，复制 P1 点的位置数据。 2. 选中新添加的路点，点击 ⧉，粘贴 P1 点的位置数据。 3. 单击【确认】→【OK】，记录保存新添加路点的位置数据
26		1. 点击【添加到之后】，添加一个新路点。 2. 在"昵称"选项框里将路点命名为"P3" 3. 单击【设置路点】，设置 P3 点位置

续表11.2

序号	图片示例	操作步骤
27	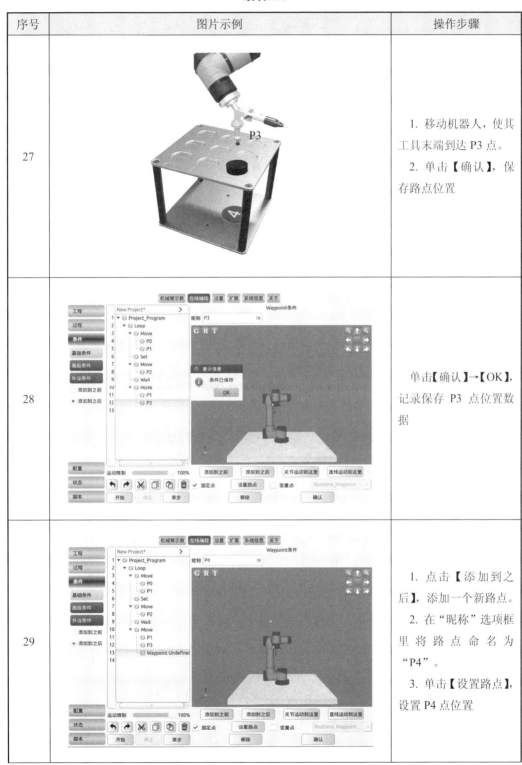	1. 移动机器人，使其工具末端到达 P3 点。 2. 单击【确认】，保存路点位置
28		单击【确认】→【OK】，记录保存 P3 点位置数据
29		1. 点击【添加到之后】，添加一个新路点。 2. 在"昵称"选项框里将路点命名为"P4"。 3. 单击【设置路点】，设置 P4 点位置

189

续表11.2

序号	图片示例	操作步骤
30	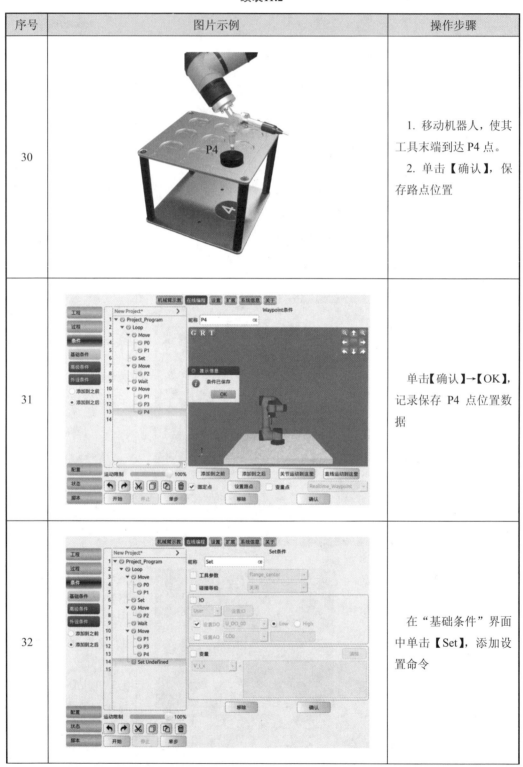	1. 移动机器人，使其工具末端到达 P4 点。 2. 单击【确认】，保存路点位置
31		单击【确认】→【OK】，记录保存 P4 点位置数据
32		在"基础条件"界面中单击【Set】，添加设置命令

续表11.2

序号	图片示例	操作步骤
33	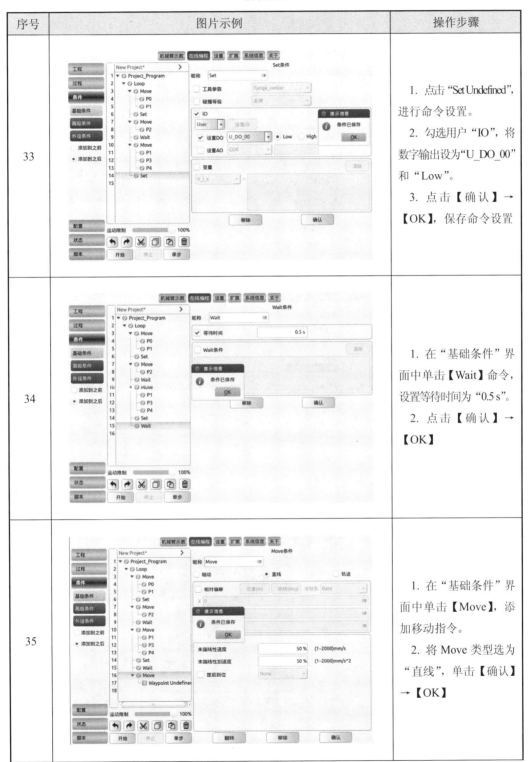	1. 点击 "Set Undefined"，进行命令设置。 2. 勾选用户 "IO"，将数字输出设为 "U_DO_00" 和 "Low"。 3. 点击【确认】→【OK】，保存命令设置
34		1. 在 "基础条件" 界面中单击【Wait】命令，设置等待时间为 "0.5 s"。 2. 点击【确认】→【OK】
35		1. 在 "基础条件" 界面中单击【Move】，添加移动指令。 2. 将 Move 类型选为 "直线"，单击【确认】→【OK】

续表11.2

序号	图片示例	操作步骤
36	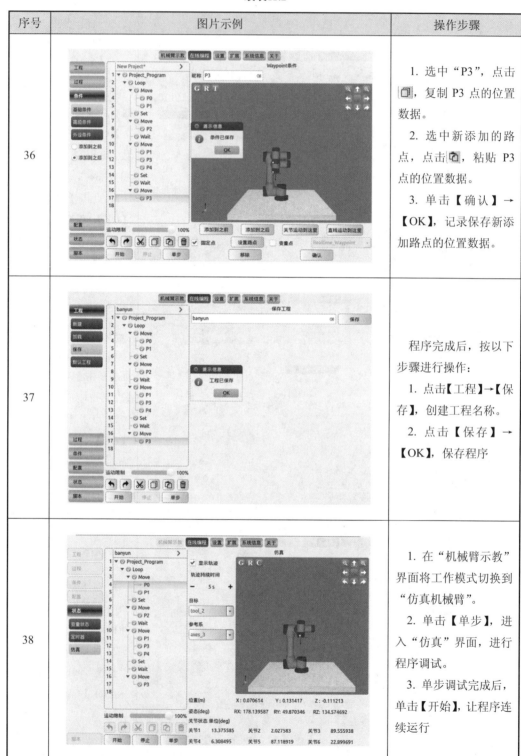	1. 选中"P3"，点击 复制 P3 点的位置数据。 2. 选中新添加的路点，点击 ，粘贴 P3 点的位置数据。 3. 单击【确认】→【OK】，记录保存新添加路点的位置数据。
37		程序完成后，按以下步骤进行操作： 1. 点击【工程】→【保存】，创建工程名称。 2. 点击【保存】→【OK】，保存程序
38		1. 在"机械臂示教"界面将工作模式切换到"仿真机械臂"。 2. 单击【单步】，进入"仿真"界面，进行程序调试。 3. 单步调试完成后，单击【开始】，让程序连续运行

续表11.2

序号	图片示例	操作步骤
39	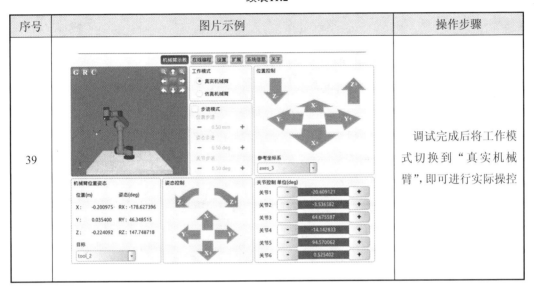	调试完成后将工作模式切换到"真实机械臂",即可进行实际操控

11.5　项目验证

11.5.1　效果验证

项目运行完成后,得到的效果应如图 11.13 所示,吸盘夹具运动到搬运模块的 1 号工位上方,然后按照图中的路径进行运动。

图 11.13　项目运行效果验证

11.5.2　数据验证

程序编写完成后,可查看每一点的位姿数据,通过点位信息也可验证程序的可行性,点位数据见表 11.3。

表11.3　查看点位数据

序号	图片示例	位姿数据
1	位置(m)　　　X：-0.069818　　Y：0.040864　　Z：0.187272 姿态(deg)　RX：4.693671　RY：2.883706　RZ：164.381439 关节状态 单位(deg) 关节1　-18.833352　关节2　-11.127184　关节3　65.685260 关节4　-12.341855　关节5　87.911146　关节6　-29.964890	初始点 P0
2	位置(m)　　　X：0.028529　　Y：0.138512　　Z：0.187273 姿态(deg)　RX：4.693749　RY：2.883680　RZ：175.249695 关节状态 单位(deg) 关节1　-10.420155　关节2　9.433693　关节3　86.607611 关节4　-11.891625　关节5　87.949252　关节6　-32.421159	1 号工位上方过渡点 P1
3	位置(m)　　　X：0.028529　　Y：0.138513　　Z：0.020175 姿态(deg)　RX：4.693628　RY：2.883685　RZ：175.249451 关节状态 单位(deg) 关节1　-10.420326　关节2　9.428135　关节3　112.280189 关节4　13.786511　关节5　87.949307　关节6　-32.421276	1 号工位点 P2
4	位置(m)　　　X：0.028529　　Y：0.028534　　Z：0.187250 姿态(deg)　RX：4.693746　RY：2.883685　RZ：175.249588 关节状态 单位(deg) 关节1　-8.177884　关节2　-5.073198　关节3　72.693451 关节4　-11.379858　关节5　87.914302　关节6　-30.177688	7 号工位上方点 P3
5	位置(m)　　　X：0.028529　　Y：0.028534　　Z：0.020007 姿态(deg)　RX：4.693631　RY：2.883680　RZ：175.249588 关节状态 单位(deg) 关节1　-8.177998　关节2　-5.322033　关节3　98.120858 关节4　14.296329　关节5　87.914302　关节6　-30.177801	7 号工位点 P4

　　从表 11.3 可以看出，物料搬运项目涉及到的 P1～P4 点的位置信息大致与搬运模块上各工位的坐标相吻合，进一步验证了本次项目的运动路径符合项目要求。

　　注意： 搬运模块的 1 号工位坐标为（28,138,0），7 号工位坐标为（28,28,0）。单位为 mm。

11.6 项目总结

11.6.1 项目评价

本项目主要介绍了基于手动示教的物料搬运应用，通过本项目的学习，掌握和了解以下内容：

（1）熟悉了解搬运项目多应用于产品的包装和码垛等场景，可大力节省人力资源及成本。

（2）掌握机器人搬运项目中基本的动作流程。

（3）学会数字输出 DO 端与负载的连接方式。

（4）掌握根据动作流程编写、调试及运行程序的操作。

11.6.2 项目拓展

通过本项目的学习，可以对项目进行以下的拓展：

（1）拓展项目一：利用变量将搬运模块上的物料从 2 号工位搬至 9 号工位上，只需示教一个路点。工位之间的间距为 25 mm。物料搬运路径如图 11.14 所示。

（2）拓展项目二：利用变量将搬运模块上的物料以 3×3×3 形式进行码垛，从固定点处拾取物料，放置在搬运模块上，9 个工位放置完成后，继续第二层物料的放置，以此类推，如图 11.15 所示。

图 11.14 物料搬运路径

图 11.15 物料码垛应用

第12章 基于物料检测的输送带搬运项目

12.1 项目目的

12.1.1 项目背景

随着工业自动化的发展，很多轻工业相继采用自动化流水线作业，不仅效率提升几十倍，生产成本也降低了随着用工荒和劳动力成本上涨的趋势，以劳动密集型企业为主的中国制造业进入新的发展状态，机器人搬运码垛生产线开始进入配送、搬运、码垛等工作领域。图 12.1 所示为协作机器人在螺钉自动装配生产线上的作业。图 12.2 所示为模拟工业自动化流水线的输送带搬运应用。

※ 输送带搬运项目

图 12.1 螺钉自动装配生产线

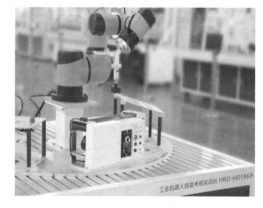

图 12.2 输送带搬运应用

12.1.2 项目需求

本项目为基于物料检测的输送带搬运项目，利用异步输送带实训模块，通过物料检测与物料搬运操作来介绍 I/O 应用和路径示教方法。异步输送带实训模块上的传送带开启后，圆饼状的搬运物料在摩擦力的作用下向模块的一侧运动，当数字输入端口接收到来料检测传感器输出的来料信号时，机器人按规划路径运动，并在预定位置通过数字输出信号控制吸盘吸取和释放物料，如图 12.3 所示。

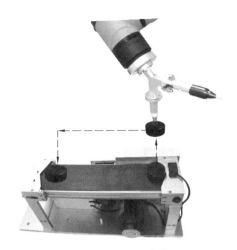

图 12.3　项目需求实物图

12.1.3　项目目的

在本项目的学习训练中需实现以下目的：

（1）了解输送带搬运项目应用的场景及项目的意义。

（2）熟悉输送带搬运动作的流程及路径规划。

（3）掌握机器人 I/O 的设置。

（4）掌握机器人的编程、调试及运行。

12.2　项目分析

12.2.1　项目构架

本项目的整体构架如图 12.4 所示，项目中需用到吸盘工具和光电传感器，吸盘工具和光电传感器分别与控制柜内的 IO 板进行电缆连接。电磁阀控制工具末端吸盘的气压，光电传感器用于检测物料到来的信号。控制系统从示教器中检出相应信息，将指令信号反馈给控制柜，使执行机构按要求的动作顺序进行轨迹运动。

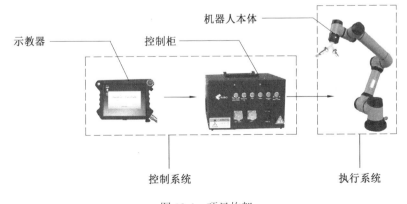

图 12.4　项目构架

12.2.2　项目流程

在基于物料检测的输送带搬运项目实施过程中，需要包含以下环节：

（1）对项目进行分析，可知此项目需在输送带上实现检测并搬运物料的操作。

（2）对机器人进行系统搭建。

（3）对电磁阀及光电传感器进行硬件连接。

（4）对所用到的工具及模块进行标定，这里使用吸盘及异步输送带进行示教。

（5）创建程序，编写程序，调试检查程序，确认无误后运行程序，观察程序运行结果。

整体的基于物料检测的输送带搬运项目流程如图 12.5 所示。

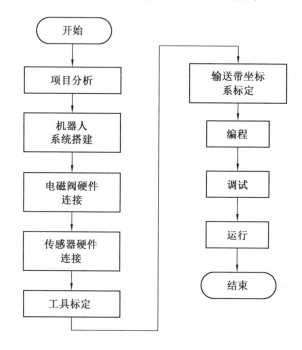

图 12.5　基于物料检测的输送带搬运项目流程

12.3　项目要点

从对项目流程的分析来看，在项目应用中需要经历项目分析、系统搭建、I/O 设置、坐标系标定、程序编程等过程。所以，本项目的知识要点包括路径规划、I/O 设置、坐标系标定、指令分析。

12.3.1　路径规划

HRG-HD1XKB 型工业机器人技能考核实训台包含一系列实训模块用于实操训练，在项目编程前需要安装异步输送带模块和所需工具，如图 12.6 所示。

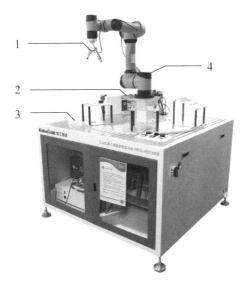

图 12.6　基础实训设备

本项目（图 12.6）所涉及的实训工具及说明见表 12.1。

表12.1　实训工具说明

序号	名　称	说　明
1	Y 型夹具	模拟工业工具进行相关运动
2	异步输送带模块	上电后，输送带转动，端部单射光电开关感应到工件并反馈，机器人收到反馈，抓取工件，移动放至指定位置
3	工业机器人技能考核实训台	提供基础实训操作平台
4	机器人本体	机器人执行机构

根据本项目要求，路径规划为初始点 P0→圆饼抬起点 P1→圆饼拾取点 P2→圆饼抬起点 P1→圆饼抬起点 P3→圆饼放置点 P4→圆饼抬起点 P3，如图 12.7 所示。

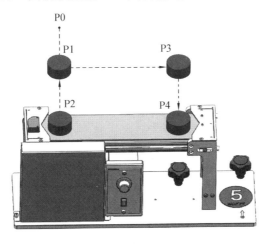

图 12.7　物料搬运路径规划

12.3.2　I/O 设置

本项目中输送带一端的光电传感器检测信号输入到机器人数字输入端口 DI_00，当检测到物料时，DI_00 置高；机器人数字输出 DO_00 用于驱动电磁阀，以此来控制工具末端吸盘的气压。I/O 接线示意图如图 12.8 所示，光电传感器以机器人 I/O 的 24 V 和 0 V 为电源，信号线接入 DI_00 端口；电磁阀控制线两端分别接到机器人数字输出的 DO_00 和 24 V 端口上。

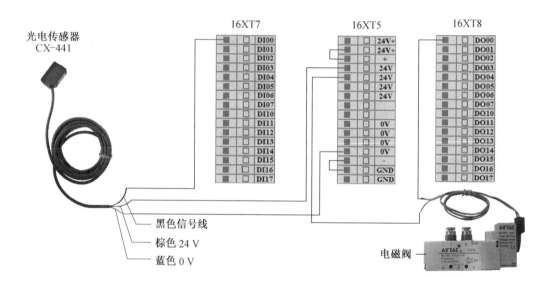

图 12.8　I/O 接线示意图

12.3.3　坐标系标定

本项目需要对吸盘进行工具标定，对输送带进行用户坐标系标定。

1. 工具标定

以基础实训模块上的尖锥为固定点，手动操纵机器人，以 4 种不同的工具姿态，使机器人工具上的参考点尽可能与固定点刚好接触。标定过后的工具坐标系如图 12.9 所示。

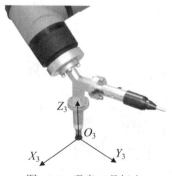

图 12.9　吸盘工具标定

2. 用户坐标系标定

在工具标定完成后，还应标定用户坐标系。在本项目中，需要标定异步输送带模块的坐标系，选用 xOxy 类型，在异步输送带模块的原点标定第一个点，在 X 轴上标定第二个点，在 xOy 平面上标定第三个点。异步输送带坐标系标定结果如图 12.10 所示。

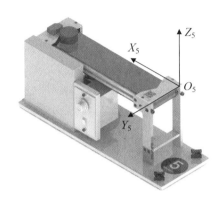

图 12.10　异步输送带坐标系标定

12.3.4　指令分析

本项目用到的指令、语句和命令有 Move 移动指令、IF 条件语句、Wait 延时命令、Set 条件命令等。

根据项目需要，需要满足以下要求：

（1）使用移动命令到达输送带上方进行等待。

（2）当 IF 条件判断为真，则准备去抓取物料，"If 条件"编辑界面如图 12.11 所示。

图 12.11　"If 条件"编辑界面

（3）机器人执行 Set 条件语句，勾选用户"IO"，将数字输出设为"U_DO_00"和"High"，抓取物料，如图 12.12 所示。

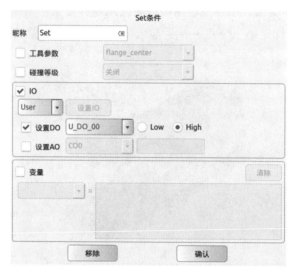

图 12.12　"Set 条件"编辑界面

（4）抓取物料与释放的时候，需要添加等待条件，使吸盘与物料充分接触，防止搬运过程中物料脱落。"Wait 条件"编辑界面如图 12.13 所示。

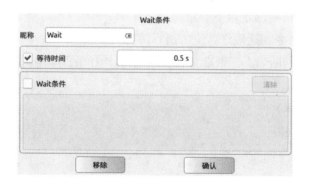

图 12.13　"Wait 条件"编辑界面

12.4　项目步骤

经过以上对项目的分析，基于物料检测的异步输送带搬运项目整体的操作步骤见表 12.2。

表12.2 输送带搬运操作步骤

序号	图片示例	操作步骤
1		1. 按下控制柜上电开关按钮，控制柜上电开机。 2. 按下示教器上的电源按钮
2		设置开机界面，点击【保存】→【启动】，进入"机械臂示教"界面
3		在工具末端创建一个工具中心点，创建方法详见 4.3.2 小节。若工具标定已经创建完成，则无需再次创建

203

续表12.2

序号	图片示例	操作步骤
4	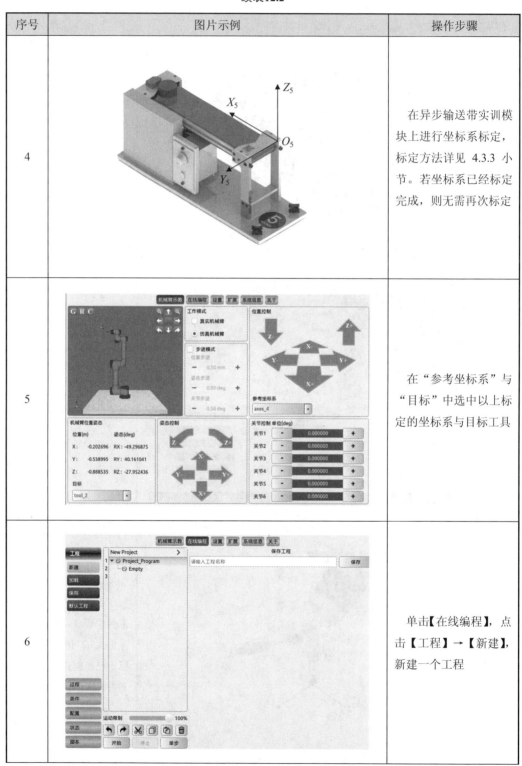	在异步输送带实训模块上进行坐标系标定，标定方法详见 4.3.3 小节。若坐标系已经标定完成，则无需再次标定
5		在"参考坐标系"与"目标"中选中以上标定的坐标系与目标工具
6		单击【在线编程】，点击【工程】→【新建】，新建一个工程

续表12.2

序号	图片示例	操作步骤
7	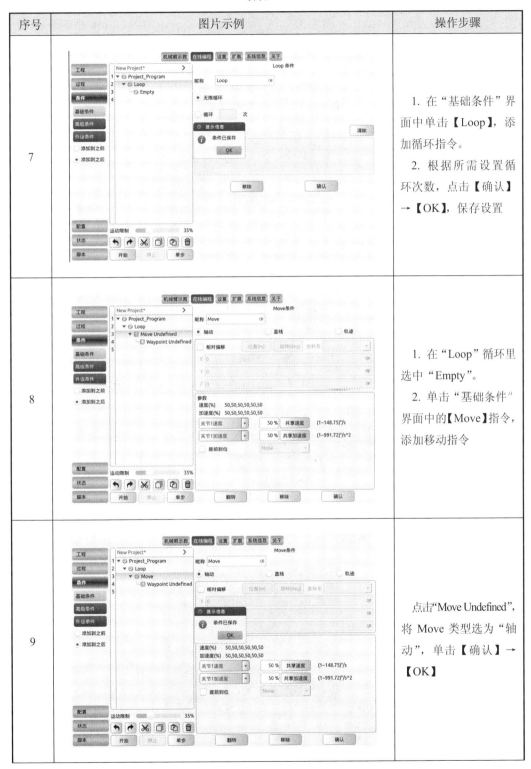	1. 在"基础条件"界面中单击【Loop】，添加循环指令。 2. 根据所需设置循环次数，点击【确认】→【OK】，保存设置
8		1. 在"Loop"循环里选中"Empty"。 2. 单击"基础条件"界面中的【Move】指令，添加移动指令
9		点击"Move Undefined"，将 Move 类型选为"轴动"，单击【确认】→【OK】

205

续表12.2

序号	图片示例	操作步骤
10	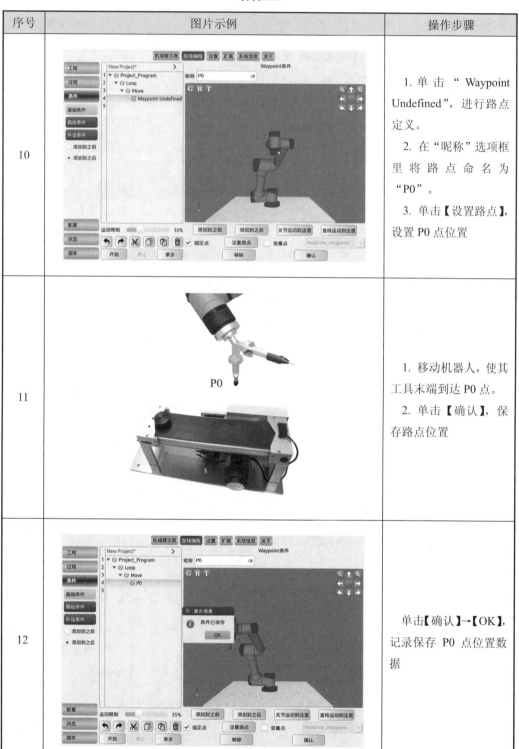	1. 单击 "Waypoint Undefined"，进行路点定义。 2. 在"昵称"选项框里将路点命名为"P0"。 3. 单击【设置路点】，设置 P0 点位置
11		1. 移动机器人，使其工具末端到达 P0 点。 2. 单击【确认】，保存路点位置
12		单击【确认】→【OK】，记录保存 P0 点位置数据

续表12.2

序号	图片示例	操作步骤
13	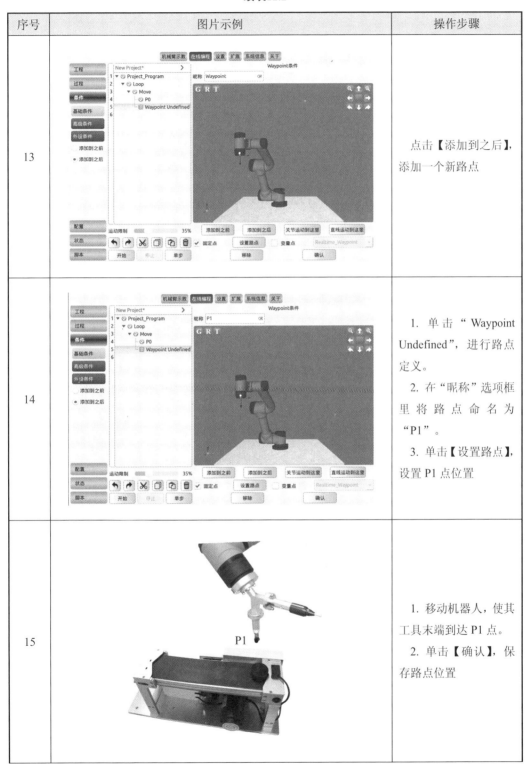	点击【添加到之后】，添加一个新路点
14		1. 单击 " Waypoint Undefined"，进行路点定义。 2. 在"昵称"选项框里将路点命名为"P1"。 3. 单击【设置路点】，设置 P1 点位置
15		1. 移动机器人，使其工具末端到达 P1 点。 2. 单击【确认】，保存路点位置

续表12.2

序号	图片示例	操作步骤
16	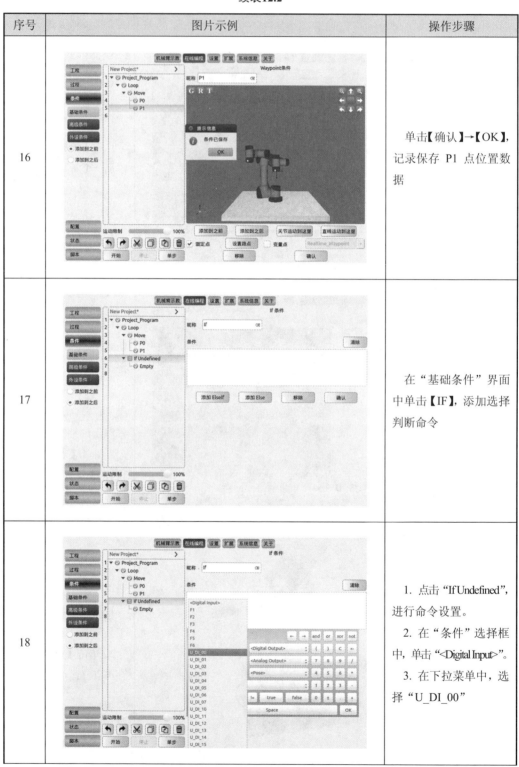	单击【确认】→【OK】，记录保存 P1 点位置数据
17		在"基础条件"界面中单击【IF】，添加选择判断命令
18		1. 点击"If Undefined"，进行命令设置。 2. 在"条件"选择框中，单击"<Digital Input>"。 3. 在下拉菜单中，选择"U_DI_00"

续表12.2

序号	图片示例	操作步骤
19	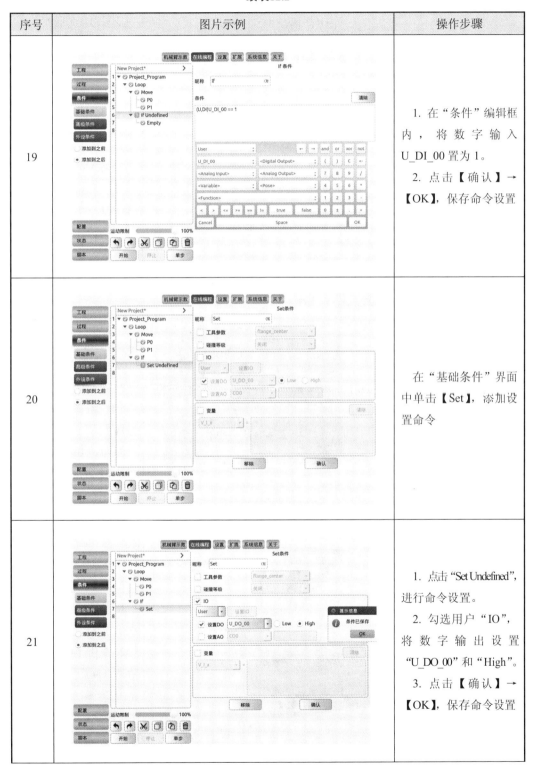	1. 在"条件"编辑框内，将数字输入 U_DI_00 置为 1。 2. 点击【确认】→【OK】，保存命令设置
20		在"基础条件"界面中单击【Set】，添加设置命令
21		1. 点击"Set Undefined"，进行命令设置。 2. 勾选用户"IO"，将数字输出设置"U_DO_00"和"High"。 3. 点击【确认】→【OK】，保存命令设置

续表12.2

序号	图片示例	操作步骤
22	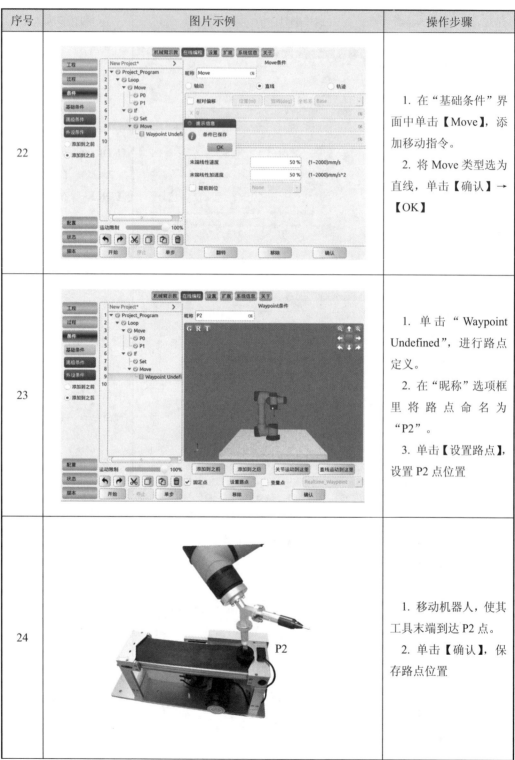	1. 在"基础条件"界面中单击【Move】，添加移动指令。 2. 将 Move 类型选为直线，单击【确认】→【OK】
23		1. 单击"Waypoint Undefined"，进行路点定义。 2. 在"昵称"选项框里将路点命名为"P2"。 3. 单击【设置路点】，设置 P2 点位置
24		1. 移动机器人，使其工具末端到达 P2 点。 2. 单击【确认】，保存路点位置

续表12.2

序号	图片示例	操作步骤
25	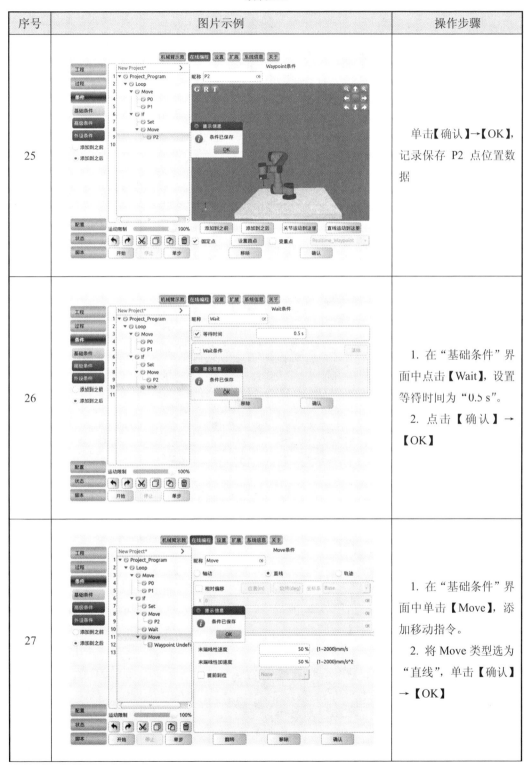	单击【确认】→【OK】，记录保存 P2 点位置数据
26		1. 在"基础条件"界面中点击【Wait】，设置等待时间为"0.5 s"。 2. 点击【确认】→【OK】
27		1. 在"基础条件"界面中单击【Move】，添加移动指令。 2. 将 Move 类型选为"直线"，单击【确认】→【OK】

续表12.2

序号	图片示例	操作步骤
28	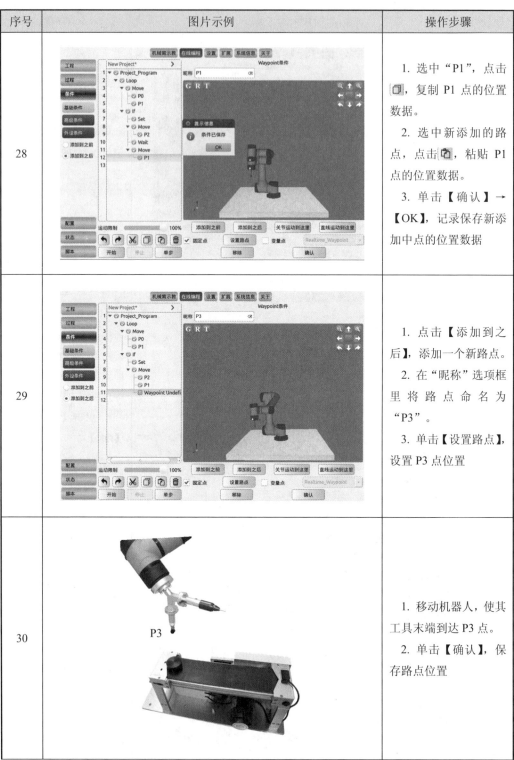	1. 选中"P1"，点击 [图标]，复制 P1 点的位置数据。 2. 选中新添加的路点，点击[图标]，粘贴 P1 点的位置数据。 3. 单击【确认】→【OK】，记录保存新添加中点的位置数据
29		1. 点击【添加到之后】，添加一个新路点。 2. 在"昵称"选项框里将路点命名为"P3"。 3. 单击【设置路点】，设置 P3 点位置
30	P3	1. 移动机器人，使其工具末端到达 P3 点。 2. 单击【确认】，保存路点位置

续表12.2

序号	图片示例	操作步骤
31	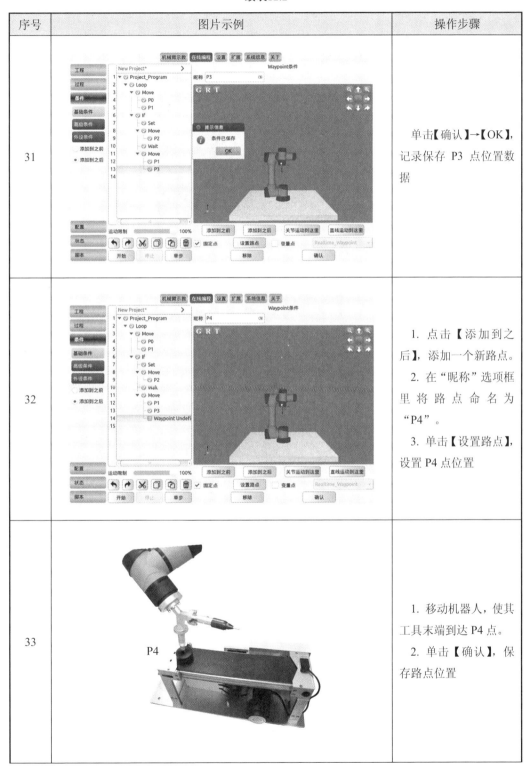	单击【确认】→【OK】，记录保存 P3 点位置数据
32		1. 点击【添加到之后】，添加一个新路点。 2. 在"昵称"选项框里将路点命名为"P4"。 3. 单击【设置路点】，设置 P4 点位置
33		1. 移动机器人，使其工具末端到达 P4 点。 2. 单击【确认】，保存路点位置

续表12.2

序号	图片示例	操作步骤
34	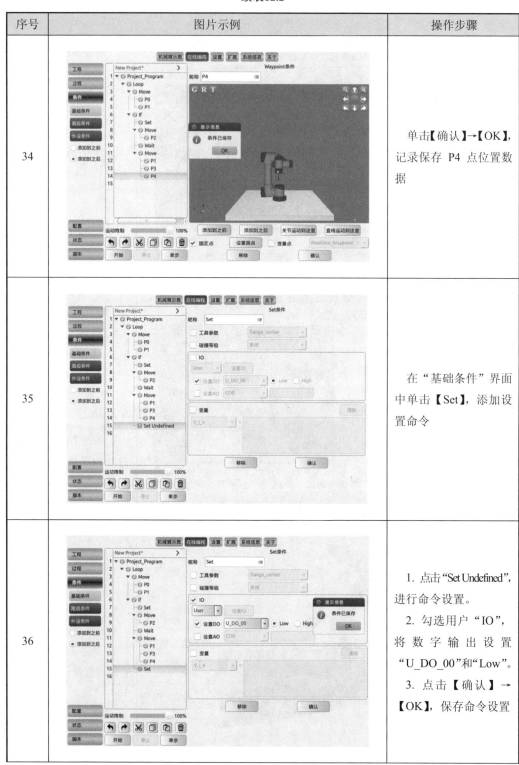	单击【确认】→【OK】，记录保存 P4 点位置数据
35		在"基础条件"界面中单击【Set】，添加设置命令
36		1. 点击"Set Undefined"，进行命令设置。 2. 勾选用户"IO"，将数字输出设置"U_DO_00"和"Low"。 3. 点击【确认】→【OK】，保存命令设置

续表12.2

序号	图片示例	操作步骤
37	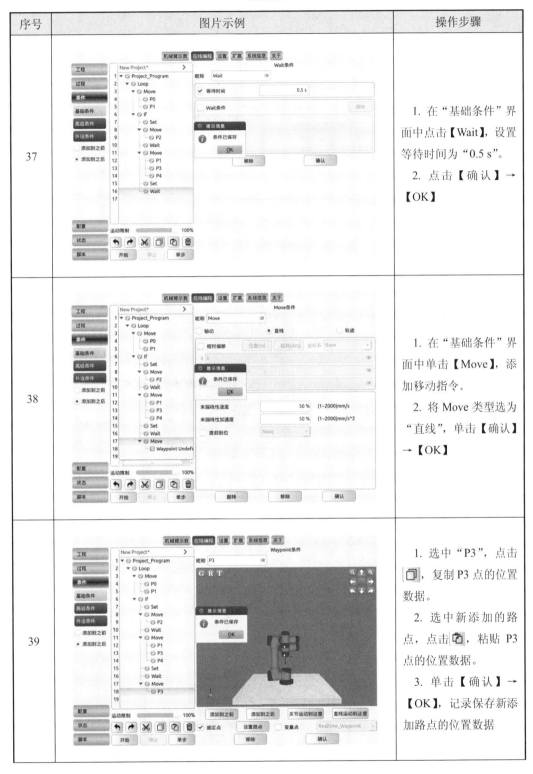	1. 在"基础条件"界面中点击【Wait】,设置等待时间为"0.5 s"。 2. 点击【确认】→【OK】
38		1. 在"基础条件"界面中单击【Move】,添加移动指令。 2. 将 Move 类型选为"直线",单击【确认】→【OK】
39		1. 选中"P3",点击，复制 P3 点的位置数据。 2. 选中新添加的路点,点击，粘贴 P3 点的位置数据。 3. 单击【确认】→【OK】,记录保存新添加路点的位置数据

序号	图片示例	操作步骤
40	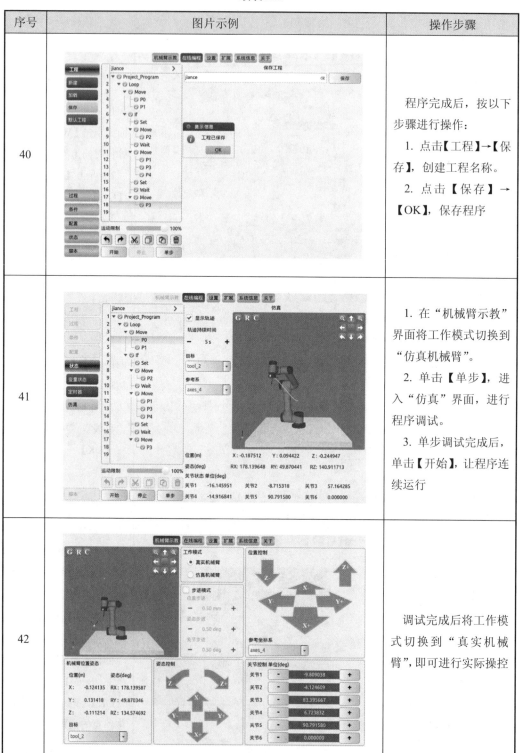	程序完成后，按以下步骤进行操作： 1. 点击【工程】→【保存】，创建工程名称。 2. 点击【保存】→【OK】，保存程序
41		1. 在"机械臂示教"界面将工作模式切换到"仿真机械臂"。 2. 单击【单步】，进入"仿真"界面，进行程序调试。 3. 单步调试完成后，单击【开始】，让程序连续运行
42		调试完成后将工作模式切换到"真实机械臂"，即可进行实际操控

12.5　项目验证

12.5.1　效果验证

项目完成之后，对项目进行整体运行，结果如图 12.14 所示。

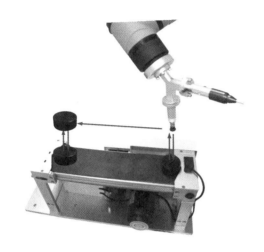

图 12.14　效果验证

12.5.2　数据验证

程序编写完成后，可查看每一点的位姿数据，通过点位信息也可验证程序的可行性，点位数据见表 12.3。

表12.3　查看点位数据

序号	图片示例	位姿数据
1	位置(m)　　　　X：0.478994　　Y：-0.295367　　Z：0.492196 姿态(deg)　　　RX：-179.689423　RY：2.231939　　RZ：101.122200 关节状态 单位(deg) 关节1　-18.833352　　关节2　-11.127184　　关节3　65.685260 关节4　-12.341855　　关节5　87.911146　　关节6　-29.964890	起始点 P0
2	位置(m)　　　　X：0.480805　　Y：-0.166391　　Z：0.445472 姿态(deg)　　　RX：-179.689346　RY：2.232012　　RZ：101.122200 关节状态 单位(deg) 关节1　-4.848197　　关节2　-2.184230　　关节3　82.837094 关节4　-4.663132　　关节5　87.768709　　关节6　-15.970454	拾取点上方 P1

续表12.3

序号	图片示例	位姿数据
3	位置(m)　　　　X：0.480805　　Y：-0.166392　　Z：0.330319 姿态(deg)　　RX：-179.689346　RY：2.232011　RZ：101.122040 关节状态 单位(deg) 关节1　-4.848312　　关节2　-3.262250　　关节3　99.358789 关节4　12.936585　　关节5　87.768709　　关节6　-15.970511	拾取点 P2
4	位置(m)　　　　X：0.480782　　Y：-0.007887　　Z：0.445471 姿态(deg)　　RX：-179.689346　RY：2.232012　RZ：101.122200 关节状态 单位(deg) 关节1　14.143635　　关节2　1.683866　　关节3　86.520240 关节4　-5.591782　　关节5　87.787506　　关节6　3.035817	放置点上方 P3
5	位置(m)　　　　X：0.480782　　Y：-0.007888　　Z：0.330415 姿态(deg)　　RX：-179.689346　RY：2.232012　RZ：101.122200 关节状态 单位(deg) 关节1　14.143578　　关节2　0.646755　　关节3　103.144381 关节4　12.069528　　关节5　87.787506　　关节6　3.035760	放置点 P4

　　从表 12.3 可以看出，输送带搬运项目涉及到的 P1～P4 点的位置信息大致与输送带模块上各工位的坐标相吻合，进一步验证了本次项目的运动路径符合项目要求。

12.6　项目总结

12.6.1　项目评价

　　本项目主要讲解利用异步输送带模块模拟工业现场流水线作业，通过本项目的学习，可了解或掌握以下内容：

　　（1）了解输送带搬运项目应用的场景及项目的意义。

　　（2）掌握机器人的动作流程。

　　（3）学会通用数字输入输出的配置。

　　（4）掌握根据动作流程编写、调试及运行程序的方法。

12.6.2　项目拓展

　　通过本项目的学习，可以对项目进行以下的拓展：

　　（1）拓展项目一：将输送带模块与搬运模块相结合，通过光电传感器检测到信号之后，机器人将输送带上的物料搬运到搬运模块的 1 号、5 号、9 号位置上，如图 12.15 所示。

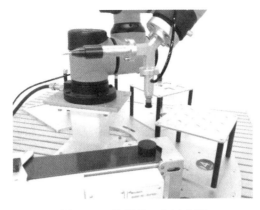

图 12.15　输送带、搬运应用

（2）拓展项目二：将输送带模块与搬运模块、视觉相机相结合，通过光电传感器检测到信号之后，机器人通过视觉相机来检测物料是否合格，合格的物料搬运到搬运模块的 1 号、2 号、3 号位置上，不合格的搬运到 4 号、5 号、6 号位置上。

参考文献

[1] 张明文. 工业机器人技术人才培养方案[M]. 哈尔滨：哈尔滨工业大学出版社，2017.

[2] 张明文. 工业机器人技术基础及应用[M]. 哈尔滨：哈尔滨工业大学出版社，2017.

[3] 张明文. 工业机器人入门实用教程（FANUC 机器人）[M]. 哈尔滨：哈尔滨工业大学出版社，2017.

[4] 张明文. ABB 六轴机器人入门实用教程[M]. 哈尔滨：哈尔滨工业大学出版社，2017.

步骤一

登录"技皆知网"

www.jijiezhi.com

步骤二

搜索教程对应课程

观
看
教
学
视
频

咨询与反馈

尊敬的读者：

感谢您选用我们的教程！

本书有丰富的配套教学资源，凡使用本书作为教程的教师可咨询有关实训装备事宜。在使用过程中，如有任何疑问或建议，可通过电子邮箱（market@jijiezhi.com）或扫描右侧二维码，提交咨询信息。

（书籍购买及反馈表）

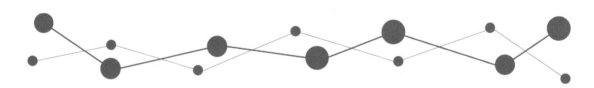